普通高等院校经管类专业基础课精品系列教材

智慧博弈论

主　编　曲国华
副主编　王　迪　邹　佳　王　璐
参　编　史佳哲　王瑞琪　孙　盈
　　　　贺　茹　陈　敬　常云琪
　　　　陈　思　李　欣　申丁丁

北京理工大学出版社
BEIJING INSTITUTE OF TECHNOLOGY PRESS

内容简介

本书是介绍智慧博弈论的基础教程，共分九章。第一章介绍博弈论的起源、基本内容和理论结构等；第二章介绍完全信息静态博弈；第三章介绍完全且完美信息动态博弈；第四章介绍完全但不完美信息动态博弈；第五章介绍不完全信息静态博弈；第六章介绍不完全信息动态博弈；第七章介绍重复进行的静态或动态博弈，即重复博弈；第八章对合作博弈理论进行初步介绍；第九章介绍如何运用博弈论知识解决信息经济学问题。

本书布局合理，案例典型，每一章均结合典型案例介绍了博弈论基本原理和分析方法。本书旨在帮助读者更好地掌握博弈论的基本理论并培养其博弈思维及应用能力，可以作为博弈论入门者学习的教材，也可作为经济类、管理类、金融类专业的本科生、研究生学习博弈论理论和方法的教材或参考书，还可供经济理论工作者、管理领域工作者、企业管理人员参考，对于其他领域的理论和实践工作者也是一本有益的读物。

版权专有　侵权必究

图书在版编目（CIP）数据

智慧博弈论／曲国华主编．--北京：北京理工大学出版社，2024.6（2024.8 重印）．
ISBN 978-7-5763-4216-1

Ⅰ．O225

中国国家版本馆 CIP 数据核字第 2024UY1776 号

责任编辑：申玉琴　　**文案编辑**：申玉琴
责任校对：刘亚男　　**责任印制**：李志强

出版发行 ／ 北京理工大学出版社有限责任公司
社　　址 ／ 北京市丰台区四合庄路 6 号
邮　　编 ／ 100070
电　　话 ／（010）68914026（教材售后服务热线）
　　　　　　　（010）68944437（课件资源服务热线）
网　　址 ／ http://www.bitpress.com.cn

版 印 次 ／ 2024 年 8 月第 1 版第 2 次印刷
印　　刷 ／ 北京广达印刷有限公司
开　　本 ／ 787 mm×1092 mm　1/16
印　　张 ／ 9.25
字　　数 ／ 214 千字
定　　价 ／ 39.80 元

图书出现印装质量问题，请拨打售后服务热线，负责调换

前　言

党的二十大报告深刻阐述了中国式现代化的中国特色、本质要求和重大原则，是对推进中国式现代化的最高顶层设计。推进中国式现代化需要正确运用战略和策略，增强战略的前瞻性、全局性和稳定性，结合战略的原则性和策略的灵活性，深化体制机制改革，以中国式现代化推动经济高质量发展。基于这一背景，本书旨在突出培养学生运用博弈论的思维分析现实生活中的经济管理复杂问题。

博弈论并非厚黑学，也并非教人们尔虞我诈的学问，而是教人们观察、分析客观世界的一种普适方法和应有的视角。我国最早的博弈思想可以追溯到 2 000 多年前的"田忌赛马"，而国外最早可以追溯到 1 500 年前巴比伦犹太教法典中的婚姻合同问题。在 20 世纪初博弈论正式发展成为一门学科。博弈论作为一门通识课程，从学科层面来看，博弈论是以数学模型为主的理工科课程；而从实际应用层面来看，博弈论在管理学、经济学、政治学、心理学等社会学科领域发挥着重要作用。

本书遵循教育教学规律，运用典型案例介绍博弈论基本原理和方法，一方面旨在帮助读者更快、更好地理解博弈原理，掌握博弈分析的方法和特点，另一方面为全国范围内的本科生及研究生学习博弈论知识提供基本的教学资源。本书的结构体系遵循一体化教学模式，将案例穿插在理论知识中，体现了在"做中学"和"学中做"的教学理念。本书的重要特色为理论与案例相结合，通过将案例巧妙地穿插到理论知识中，将知识生动地展现出来，以便帮助读者更好地理解博弈论相关原理。

本书由曲国华设计全书框架，拟定编写大纲，负责全书的统稿。本书的具体分工为：第一章由曲国华、王璐编写，第二章由王迪、常云琪编写，第三章由邹佳、李欣编写，第四章由王瑞琪、申丁丁编写，第五章和第六章由陈思、孙盈编写，第七章由贺茹编写，第八章由史佳哲编写，第九章由陈敬编写。

由于编者水平有限，书中疏漏之处在所难免，对本书中的问题和不足，敬请各位专家批评指正，不吝赐教。

目 录

第一章　导论	(1)
1.1　博弈论的起源与形成	(1)
1.2　田忌赛马	(3)
1.3　囚徒困境	(4)
1.4　双寡头削价竞争	(7)
第二章　完全信息静态博弈	(14)
2.1　连续产量古诺模型	(14)
2.2　伯特兰德寡头模型	(16)
2.3　田忌赛马详细解释	(18)
2.4　小偷与守卫模型举例	(20)
第三章　完全且完美信息动态博弈	(24)
3.1　逆推归纳法	(24)
3.2　动态博弈	(26)
3.3　委托人—代理人模型	(29)
3.4　斯塔克尔伯格模型	(34)
3.5　议价博弈模型	(38)
3.6　颤抖手均衡	(39)
3.7　蜈蚣博弈	(40)
第四章　完全但不完美信息动态博弈	(44)
4.1　完全但不完美信息动态博弈	(44)
4.2　完美贝叶斯均衡	(49)
4.3　单一价格网购交易	(53)
4.4　双价网络购物交易	(55)
第五章　不完全信息静态博弈	(58)
5.1　问题和例子	(58)
5.2　不完全信息古诺模型	(58)
5.3　静态贝叶斯模型	(61)
第六章　不完全信息动态博弈	(68)
6.1　不完全信息动态博弈及转换	(68)

6.2　声明博弈 …………………………………………………………………（70）
　6.3　信号博弈 …………………………………………………………………（73）
　6.4　不完全信息企业劳动者谈判 ……………………………………………（88）

第七章　重复博弈 ……………………………………………………………………（92）
　7.1　重复博弈概述 ……………………………………………………………（92）
　7.2　有限次重复博弈 …………………………………………………………（97）
　7.3　无限次重复博弈 …………………………………………………………（105）

第八章　合作博弈理论 ………………………………………………………………（112）
　8.1　合作博弈概述 ……………………………………………………………（112）
　8.2　从非合作博弈到合作博弈 ………………………………………………（113）
　8.3　两人讨价还价的议价博弈 ………………………………………………（115）
　8.4　多人参与的联盟博弈 ……………………………………………………（123）

第九章　信息经济学与博弈论 ………………………………………………………（132）
　9.1　信息经济学引论 …………………………………………………………（132）
　9.2　信息经济学模型的基本分类 ……………………………………………（134）

参考文献 ………………………………………………………………………………（139）

第一章 导论

1.1 博弈论的起源与形成

博弈论翻译自英文的 Game Theory——游戏理论,其中 Game 为游戏。

谈到游戏,我们一般会想到五子棋、围棋、象棋、斗地主等棋牌类游戏和英雄联盟、王者荣耀等电竞游戏。事实上,博弈论确实也研究这类游戏——研究如何以最优的方法取得胜利。在 100 年前就有许多学者研究过象棋博弈,博弈论的第一个定理也与此相关;学者们在研究扑克游戏时发现了零和博弈的极小化极大解法;现代体育比赛中也时常应用到博弈论的思想。

事实上,博弈论思想古已有之。按照现有文献记载,博弈论的历史最早可以追溯到 2 000 多年前我国古代的田忌赛马,以及 1 500 多年前巴比伦犹太教法典中的婚姻合同问题。我国古代的《孙子兵法》既是一部军事著作,也是一部历史悠久的包含博弈思想的著作。当然,那时的社会经济竞争程度很低,也没有现代意义上的经济学,自然也很难产生类似现代博弈论的博弈分析文献。

博弈论在正式发展成一门学科之前,其思想仅被用于研究象棋或桥牌赌博中的胜负问题,因此,人们对博弈局势的把握只停留在经验上,并未向理论化发展。在 20 世纪初,博弈论正式发展成为一门学科。1928 年冯·诺伊曼证明了博弈论的基本原理,宣告博弈论正式诞生。1944 年,冯·诺伊曼和摩根斯坦合著的《博弈论与经济行为》,将二人博弈推广到多人博弈结构,并将博弈论应用于经济领域,进一步奠定了博弈论的基础和理论体系。纳什的论文《n 人博弈的均衡点》(1950),《非合作博弈》(1951)等,开创性地提出了纳什均衡的概念和均衡存在定理。此外,塞尔顿、哈桑尼等学者的相关研究也对博弈论发展起到了积极推动作用。如今,博弈论已经发展成为一门较为完善的学科。

现代博弈论也称对策论,它不仅是现代数学的一个新分支,而且是运筹学的一个重要部分。博弈论主要的研究对象为公式化后的激励结构间的相互作用,是研究具有斗争或竞争性质现象的主要数学理论和方法。博弈论充分考虑了游戏中每个参与者的预测行为和实际行为,并研究了这些行为的优化策略。博弈论在生物学、经济学、国际关系、计算机科学、政治学、军事战略和其他很多学科及领域都被广泛地应用。

博弈论包括参与人、策略、得益、博弈过程和信息结构等几个基本概念。

(1) 参与人。参与人也称为博弈方，是在博弈过程中实际参与决策并承担结果的个人或团体。"两人博弈"是指只有两个参与人的博弈，"多人博弈"则是指多于两个参与人的博弈。

(2) 策略。一局博弈中，每个参与人都会选择实际可行的完整的行动方案，即方案不是某阶段的行动方案，而是引导整个行动的方案。某个参与人的一个可行的自始至终全局筹划的行动方案，称为该参与人的一个策略。如果在一个博弈中参与人总共有有限个策略，则称为"有限博弈"，否则称为"无限博弈"。

(3) 得益。得益是指参与人从博弈中获得的得益。得益则是参与人在博弈过程中不同策略组合下的效用水平（既可能是确定的，也可能是不确定的）。每个参与人在博弈中的得益，不仅与该参与人自身所选择的策略有关，而且与其他参与人所选择的策略有关，博弈中每个参与人的得益是一组策略的函数。

(4) 博弈过程。博弈过程是指所有参与人之间的决策互动。在此过程中，每个参与人都试图通过最优决策实现自身利益最大化。博弈过程通常包含静态博弈和动态博弈。

(5) 信息结构。信息是指博弈中与参与人有关的知识，例如参与人的风险偏好、得益函数、行动选择等；而信息结构是指参与人对信息的了解程度。

博弈有许多种类型，根据博弈方式的选择可分为合作博弈和非合作博弈，二者的区别主要在于发生相互作用的参与人之间是否存在一个具有约束力的协议，若存在则为合作博弈，反之为非合作博弈。事实上，合作博弈理论比非合作博弈理论复杂，因此合作博弈理论成熟度远远不如非合作博弈理论。

从行为的时间序列性分类，博弈可分为静态博弈和动态博弈。静态博弈是指在博弈中参与人同时行动，或者参与人并非同时选择，且后行动的一方并不知道先行动的一方采取的具体行动；动态博弈是指在博弈中参与人的行动有先后顺序，且后行动的一方能够观察到先行动的一方所采取的行动。事实上，同时进行决策的"囚徒困境"就是一种典型的静态博弈；而棋牌类等游戏，其决策或行动有先后次序且后行动者可观察到先行动者采取的行动，是典型的动态博弈。依据参与人对其他参与人的得益的了解程度可将博弈分为完全信息博弈和不完全信息博弈。完全信息博弈是指在博弈过程中，各参与人对其他所有参与人的特征、策略空间及得益函数均有准确的信息；不完全信息博弈则是指参与人对其他参与人的特征、策略空间及得益函数信息了解得不够准确，或者不是对所有参与人的特征、策略空间及得益函数都有准确的信息，在这种情况下进行的博弈。

经济学家常常提及的博弈通常指的是非合作博弈。非合作博弈又可以分为完全信息静态博弈、完全且完美信息动态博弈、完全但不完美信息动态博弈、不完全信息静态博弈、不完全信息动态博弈。与上述五种非合作博弈一一对应的均衡概念分别为纳什均衡(Nash Equilibrium)、子博弈完美纳什均衡(Subgame Perfect Nash Equilibrium)、完美贝叶斯均衡(Perfect Bayesian Equlibrium)、贝叶斯纳什均衡(Bayesian Nash Equilibrium)、完美贝叶斯纳什均衡(Perfect Bayesian Nash Equilibrium)。博弈还有很多分类，例如，根据博弈策略数量可将其分为有限博弈和无限博弈；根据不同策略组合下所有参与人的得益总和可分为零和博弈、常和博弈和变和博弈。依据博弈的逻辑基础不同又可以分为传统博弈和演化博弈。

为了便于大家对博弈论有初步的理解和认识，本节将介绍一些简单但非常经典的博弈问题。

1.2 田忌赛马

博弈的思想很早就已经产生，春秋战国时期田忌赛马的故事就包含了博弈的思想。田忌与齐威王赛马，双方各出 3 匹马，共比 3 场。齐威王的 3 匹马和田忌的 3 匹马按实力都可以分上、中、下三等，但齐威王的上、中、下 3 匹马分别比田忌的上、中、下 3 匹马略胜一筹，因为总是同等次马比赛，因此田忌每次都连输 3 场。事实上，田忌的上马虽然比不过齐威王的上马，但其上马却比齐威王的中马和下马都好，而田忌的中马也比齐威王的下马更好。

后来田忌的谋士孙膑给田忌出主意，让田忌在第一场用自己的下马对抗齐威王的上马，第二场用自己的上马对抗齐威王的中马，第三场用自己的中马对抗齐威王的下马。这样，尽管田忌的第一场必输无疑，但后两场均可获得胜利，最终结果为二胜一负，田忌反而能赢齐威王。

齐威王与田忌赛马表达成一个博弈问题如下。

（1）有两个参与人（Players），即齐威王和田忌。

（2）博弈双方可选择的策略是己方马匹的出场次序，因为 3 匹马排列次序共有 3! = 3 × 2 = 6，因此博弈双方各有六种可选择策略，如"上中下""上下中"等。

（3）双方同时选择策略。

（4）如果将赢一场记为得益 1，输一场记为得益 -1，博弈双方的得益情况如表 1.1 所示。每个数组表示对应行列代表的双方策略组合下的各自得益。其中，前一个数字是齐威王的得益，后一个数字是田忌的得益。由表 1.1 可以看出，田忌用自己的上、中、下马分别对阵齐威王的中、下、上马可以取得胜利。在这个故事中，田忌、齐威王即为博弈双方，孙膑充分了解了各方的信息，也就是比赛的规则与不同马匹之间的实力差距，即使田忌的 3 匹马与齐威王同级别的马相比均略输一筹的情况下，孙膑仍然能够合理利用比赛的规则，找到最优解，帮助田忌取得胜利。

表 1.1　田忌赛马博弈双方的得益情况

		田忌					
		上中下	上下中	中上下	下上中	下中上	中下上
齐威王	上中下	3, -3	1, -1	1, -1	-1, 1	1, -1	1, -1
	上下中	1, -1	3, -3	1, -1	1, -1	-1, 1	1, -1
	中上下	1, -1	-1, 1	3, -3	1, -1	1, -1	1, -1
	下上中	1, -1	1, -1	1, -1	3, -3	1, -1	-1, 1
	下中上	1, -1	1, -1	-1, 1	1, -1	3, -3	1, -1
	中下上	-1, 1	1, -1	1, -1	1, -1	1, -1	3, -3

1.3 囚徒困境

1950年，梅里尔·费勒德（Merrill Flood）和梅尔文·德雷希尔（Melvin Dresher）首先提出了相关困境的理论，后来艾伯特·塔克（Albert Tucker）以囚徒的方式进行阐述演讲，并将该博弈理论命名为"囚徒困境"。作为博弈论中极具代表性的例子，该模型提出后引发了学术界大量的思考与探究，以下为本书改编的版本。

囚徒困境是一个关于警察抓住两名犯罪同伙的故事，我们把他们分别称为小明和老王。警察有足够的证据证明，小明和老王犯有偷窃的罪行，因此每人都要在狱中度过3年。警察还怀疑这两名罪犯曾合伙多次抢劫，但缺乏有力的证据证明这两名罪犯犯有该罪行，警察分别审问了小明和老王，并做出承诺：现在我们有充足的证据证明你们犯有偷窃罪，按律应判3年有期徒刑，若你提供抢劫证据并供出同伙，我们可以减免你的罪行，改判1年有期徒刑，你的同伙将在狱中度过10年。若你们两个都承认罪行，我们将采取折中的方式，判你们8年有期徒刑。

根据个体理性行为原则，两个参与人的目标都是实现自身的最大化利益。两个参与人各自的利益不仅取决于他们自己选择的策略，也取决于对方的策略选择。从表1.2可以看出，小明和老王均有坦白或抵赖两种策略，因为他们二人被分开审讯，所以他们无法获取对方的策略信息，因此，我们认为他们是同时决策的。如果分别用-1、-3、-8、-10表示他们的得益，则可以用表1.2的得益矩阵表示，其中矩阵中的第一个元素表示老王的得益，第二个元素表示小明的得益。

表1.2 囚徒困境得益矩阵

		小明	
		坦白	抵赖
老王	坦白	-8, -8	-1, -10
	抵赖	-10, -1	-3, -3

在此种情况下，小明和老王将如何决策？

从小明的视角进行分析：虽然他无法知道老王的选择，但若老王坦白，自己最好的策略就是选择坦白；若老王选择抵赖，自己最好的策略仍然是选择坦白。因此，无论老王如何决策，小明最好的策略都是选择坦白。因为老王的情况与小明的情况完全相同，所以老王最好的策略也是选择坦白。从博弈的理论探讨该问题，无论其他参与人选择何种策略，某种特定的策略都是参与人的最优策略，则称这种策略为占优策略。在这一例子中，坦白就是小明和老王的占优策略。但从整体的得益出发，最佳的策略不是同时坦白(-8和-8)，因为都不坦白，他们的得益是-3和-3。一旦他们被分别审问，利己的逻辑就会起主导作用，由于各自追求自己的利益，两个囚徒之间的合作是难以维持的，最终两个囚徒共同达到了使每个人得益变小的结果。按照亚当·斯密的理论，每一个人都是从利己的目的出发，因为坦白交代可以期望得到最佳得益，他们选择坦白交代是最佳策略，同时被判8年有期徒刑的结局构成纳什均衡。

纳什均衡也叫非合作博弈均衡，因为每一方在选择策略时都没有共谋，他们只是选择对自己最有利的策略,而不考虑社会福利或任何其他对手的利益,也就是说,这种策略组合由所有参与人的最佳策略组合构成。没有人会主动改变自己的策略,以便使自己获得更大利益。纳什均衡是指在博弈过程中参与人的一种策略组合,在这种策略组合中,任何人都不会通过改变自己的策略获得更多得益,即任何参与人都不会改变自己的策略,这一策略组合就是一个纳什均衡。

纳什均衡对亚当·斯密的"看不见的手"的原理提出了挑战,不妨让我们重温一下亚当·斯密在《国富论》中的名言:"由于追逐自己的利益,他往往能比在真正出于本意的情况下更有效地促进社会的利益。"然而从囚徒困境中可以看出,从利己目的出发,结果也可能损人不利己。从这个意义上说,纳什均衡提出了一种"看不见的手"的悖论。事实上,纳什均衡是一种非合作博弈均衡,在现实中非合作的情况要比合作情况普遍,所以纳什均衡是对冯·诺伊曼的合作博弈理论的重大发展,甚至可以说是一场革命。当然,本节描述的囚徒困境对社会利益来说是理想的,因为无论哪种选择,罪犯都会受到惩罚。但是从博弈的双方来说则很不理想,因为既没有实现两人总体的最大利益,也没有真正实现自身的个体最大利益。

囚徒困境博弈的重要意义在于类似的情况在社会经济中有很大的普遍性。在市场竞争的各个领域,在资源利用和环境保护,以及政治、军事和法律等各种领域中,都存在类似的囚徒困境现象。例如,企业在信息化过程中需要与咨询企业、软件供应商打交道,在与这些企业打交道的过程中,不可避免地会遇到类似的两难境地,这个时候需要相互之间有足够的了解与信任,在此基础上,企业双方应积极促进合作,实现双赢的局面。

经典案例

家电销售中的价格博弈

假设在市场中有两个厂商供应同样的家电,即有两个参与人,一个是厂商1,一个是厂商2,这里假设厂商1和厂商2是生产某种家电的寡头,两寡头的产品在品牌、质量、包装、服务等方面都相同。

厂商1和厂商2都有两个策略,一个是选择合作,另一个是选择不合作。厂商1和厂商2都是独立的理性经济体,策略的选择都是基于各自的成本和利润。用得益矩阵来表示双方博弈组合,其中,第一个元素表示厂商1的得益,第二个元素表示厂商2的得益,如表1.3所示。

表1.3 厂商1与厂商2的博弈得益矩阵

		厂商2	
		合作	不合作
厂商1	合作	I_{ab}, I_{cb}	I'_{ab}, I_{cd}
	不合作	I_{ad}, I'_{cb}	I'_{ad}, I'_{cd}

在表1.3中,假设所有得益 $I > 0$。I_{ab},I_{cb} 表示厂商1选择合作,且厂商2选择合作时,各自的得益;I'_{ad},I'_{cd} 表示厂商1选择不合作,且厂商2选择不合作时各自的得益;I'_{ab},I_{cd} 表示厂商1选择合作,且厂商2选择不合作时各自的得益;I_{ad},I'_{cb} 表示厂商1选择不合作,且厂商2选择合作时各自的得益。对于理性博弈方来说,该矩阵中不同的得益数值使模型

的均衡结果也不同。

(1) 当 $I_{ab} < I_{ad}$，$I'_{ab} < I'_{ad}$，$I_{cb} < I_{cd}$，$I'_{cb} < I'_{cd}$ 时，厂商1和厂商2都选择不合作，此时(不合作，不合作)是唯一的纳什均衡。

(2) 当 $I_{ab} > I_{ad}$，$I'_{ab} < I'_{ad}$，$I_{cb} > I_{cd}$，$I'_{cb} < I'_{cd}$ 时，厂商1选择合作，厂商2选择合作；或者厂商1选择不合作，厂商2选择不合作，即(合作，合作)和(不合作，不合作)都是纳什均衡。

(3) 当 $I_{ab} > I_{ad}$，$I'_{ab} > I'_{ad}$，$I_{cb} > I_{cd}$，$I'_{cb} > I'_{cd}$ 时，厂商1和厂商2都选择合作，此时(合作，合作)是唯一的纳什均衡。

(4) 当 $I_{ab} < I_{ad}$，$I_{cb} < I_{cd}$，$I'_{ab} > I'_{ad}$，$I'_{cb} > I'_{cd}$ 时，厂商1选择合作，厂商2选择不合作；或者厂商1选择不合作，厂商2选择合作，即(合作，不合作)和(不合作，合作)是纳什均衡。

在家电销售中，供应链上的每个节点之间都应该建立长期稳定的合作关系，其中包括制造商与制造商之间的合作关系，制造商和销售商之间的合作关系，销售商和销售商之间的合作关系。制造商或者销售商在规定产品价格之前需要参考市场价格、成本等因素，要想规定合适的价格，使利润最大，除了削价竞争，还可以与竞争者合作达到双赢。双方通过合作，建立战略合作伙伴关系，可以共享竞争优势和利益，基于一种高度信任，双方就不会因为眼前的一点利益而轻易地改变自己的策略，以至于背叛他人。合作促进共赢。

1.3.1　如何判断一个博弈是否满足纳什均衡?

当判断一个博弈是否满足纳什均衡时，可以按照以下详细步骤进行。

(1) 定义博弈。明确博弈的参与人以及他们可以选择的策略。博弈可以是单次或多次，可以有两名或更多参与人。

(2) 找到最佳响应策略。对于每个参与人，找到使其最大得益的策略。这可以通过计算每个可能策略组合下的得益来实现。最佳响应策略是那些使参与人能够取得最高得益的策略。

(3) 检查是否存在纳什均衡。纳什均衡是一组策略，其中每个参与人的策略是其最佳响应策略，即在其他人的策略给定的情况下，他们不能通过改变自己的策略来获得更高的得益。因此，检查是否存在这样一组策略组合，其中每个参与人的策略都是其最佳响应策略。如果这种组合存在，那么它就是纳什均衡。

为了让大家更清楚地理解，下面举个例子。考虑一个简单的博弈，有两名参与人 A 和 B。他们可以选择 C 合作或 D 背叛，得益矩阵如表 1.4 所示，其中第一个数字表示 B 的得益，第二个数字表示 A 的得益。

表 1.4　得益矩阵

		A	A
		C	D
B	C	3, 3	0, 5
	D	5, 0	1, 1

当 B 选择 C 时，A 选择 D 的得益要比选择 C 时高，在这种情况下，A 的最佳策略是 D，因为这样他可以获得更高的得益。

然而需要注意的是，C-D 这个策略组合并非纳什均衡。纳什均衡是指在该策略状态下，任何参与人都没有动机改变自己策略的情况。在 C-D 策略组合中，如果 B 选择 D 而不是 C，B 的得益将会提高（从 0 到 1）。因此，这个策略组合不是稳定的，因为 B 有动机改变他的策略以增加自己的得益。

所以，根据这个得益矩阵，D-D 是唯一的纳什均衡。但需要注意的是，纳什均衡并不总是代表所有参与人的最优策略组合。在某些情况下，策略组合可能不是纳什均衡，但仍然可能对所有参与人来说都是最优的。这个例子就是一个很好的例子。

对于 A，他的最佳响应策略是 D，因为无论 B 选择什么，D 都能给他带来最高的得益。对于 B，他的最佳响应策略也是 D。因此，D-D 是这个博弈的纳什均衡，因为在这个策略组合下，虽然他们的得益只有 1，但是这个策略组合是纳什均衡。这是因为对每个参与人来说，选择 D 是最佳反应，因为无论对方选择什么，D 都会给他们带来最高的得益，因此即使面对更高的得益 5，参与人也没有动机改变自己的策略。

1.3.2 纳什均衡存在性定理

纳什均衡存在性定理是指，在一个具有有限策略空间的博弈中，至少存在一个纳什均衡。这个定理为博弈论提供了一个基本的数学保证，说明在许多情况下，博弈中的参与人可以找到一种策略组合，使他们不愿意单独改变自己的策略，因为这不会使他们的结果更好。

需要注意的是，虽然存在至少一个纳什均衡，但可能存在多个纳什均衡点，而且不同的纳什均衡点可能导致不同的结果。此外，在某些情况下，纳什均衡点可能不一定是最优的结果，因为它只要求没有参与人愿意单独改变自己的策略，但并不保证这些策略组合达到了全局最优。因此，在实际应用中，人们需要仔细分析博弈的具体情境，以确定哪个纳什均衡点最符合他们的目标和得益。

当我们谈论博弈，就像在比赛或竞争中一样，不同的人都有不同的策略或行动选择。纳什均衡是一种情况，其中每个人都选择了他们的策略，而且没有人希望改变自己的策略，因为如果他们这样做，他们的情况不会变得更好。

纳什均衡存在性定理的核心观点是，无论如何，总会有一种情况，每个人都觉得自己的选择是最好的，没有人愿意改变。这并不意味着这种情况一定是最好的，只是说每个人都满意于他们的选择。

1.4 双寡头削价竞争

古诺模型又被称为古诺双寡头模型，或者双寡头模型。1838 年法国经济学家古诺提出了古诺模型。古诺模型既是早期的寡头模型，也是纳什均衡应用的最早版本，通常被作为寡头理论分析的出发点。古诺模型的结论易于被推广到三个或三个以上的寡头厂商的情况中去。古诺模型阐述了相互竞争而没有相互协调的厂商的产量决策是如何相互影响的，从而产生一个位于完全竞争和完全垄断之间的均衡结果。古诺模型示意如图 1-1 所示，其中，P_1，P_2 分别为博弈双方的产量。

在经济学中，如果一个企业是其产品唯一的卖者，而且其产品并没有相近的替代品，那么这个企业就是一个垄断企业。垄断产生的基本原因是进入壁垒，垄断企业能在其市场上保持唯一卖者的地位，是因为其他企业不能进入市场并与之竞争。而进入壁垒又有三个主要形成原因：第一，垄断资源及生产所需要的关键资源，由单个企业所拥有。比如20世纪初洛克菲勒的标准石油公司。第二，政府管制及政府给予单个企业排他性的生产某种物品或劳务的权利。比如，受知识产权专利制度保护的微软公司，或者受专利制度保护的一些研发出新药的制药公司，政府允许这些公司在一定时期内享受垄断市场的权利。第三，某个企业能以低于大量生产者的成本生产产品，比如当地的自来水公司可以以最低成本供应自来水，而不需要过多企业一起参与。但现实生活中，真正垄断的企业很少，更多的是以寡头形式存在。所谓寡头，是指只有少数几个卖者提供相似或相同产品的市场结构。典型案例如生产商 AMD 与英特尔，外卖点餐市场的饿了么与美团，移动支付市场的支付宝与微信支付，等等。寡头市场的本质是只有少数几个卖者，因此市场上任何一个卖者的行为对其他所有企业的利润都可能有极大的影响。

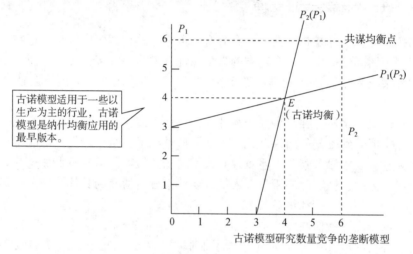

图 1.1　古诺模型

1.4.1　寡头分析

寡头分析为引入博弈论提供了一个机会。博弈论研究在博弈中博弈各方采取策略时必须考虑其他人可能采取的策略，在做出自己的定价策略时，寡头市场的每一家企业都要考虑所有其他企业的定价策略，以制定自己的定价策略。由于寡头市场只有几个卖者，因此寡头的关键特征是合作与利己之间的冲突。寡头集团如果相互联合，那么他们就像一个垄断者那样行事，生产少量产品，并收取高于边际成本的价格。但由于每个寡头只关心自己的利润，因此寡头之间很难维持垄断的结果。为了理解寡头的行为，我们考虑只有两个卖者的寡头，即双寡头。

假设在一个地区只有两个生产纯净水的商家——小明和老王，每天小明和老王要决定定价多少元/升的纯净水在市场上卖。为了简单起见，假设小明和老王可以无成本地想生产多少纯净水就生产多少，也就是说纯净水的边际成本等于零。纯净水需求情况如图1.2 及表 1.5 所示。

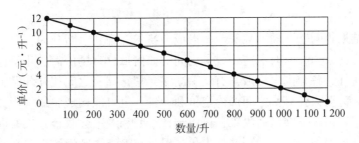

图 1.2　纯净水需求情况

表 1.5　纯净水需求情况

单价/(元·升⁻¹)	数量/升	总收入/总利润/元
12	0	0
11	100	1 100
10	200	2 000
9	300	2 700
8	400	3 200
7	500	3 500
6	600	3 600
5	700	3 500
4	800	3 200
3	900	2 700
2	1 000	2 000
1	1 100	1 100
0	1 200	0

　　表 1.5 第一列表示纯净水的单价，第二列表示需求数量。这个表遵循着我们日常的生活经验，即一件产品单价越高，可以卖出去的数量就越少。如果小明和老王都卖 11 元/升，那么他们总计只能出售 100 升纯净水；如果将价格下降到 10 元/升，那么，他们总计能卖出 200 升。以此类推，如果根据这两类的数字画图形，你将得到一个标准的向右下方倾斜的需求曲线。表 1.5 最后一列表示卖纯净水的总收入，它等于销售量乘价格。因为我们假设不存在生产水的成本，所以两个生产者的总利润就等于他们的总收入。

　　现在我们来考虑小明和老王的定价策略博弈是如何影响各自的最终利润的。如果是单人垄断的，表 1.5 表明在产量为 600 升和每升价格 6 元时总利润最大，因此追求利润最大化的垄断者，势必按这种价格与产量生产纯净水。

　　双寡头情况下，小明和老王之间的博弈，一种可能是小明和老王勾结到一起，并就纯净水的定价和产量达成一致，寡头之间就价格与产量相互勾结，并且联合起来形成的企业集团被称为卡特尔。一旦形成了卡特尔，市场实际上就是由一个垄断者提供服务。也就是说，如果小明和老王勾结起来，他们就会在垄断的结果上达成一致，因为该结果使生产者能从市场上得到的总利润最大化。这两个生产者将总共生产 600 升水，并以 6 元/升的价格出售。

卡特尔的结果等同于垄断。寡头希望形成卡特尔并赚到垄断利润，但寡头之间的约定往往会受到一定的阻力，有时卡特尔成员之间对如何瓜分市场份额的斗争也使他们彼此很难达成协议。此外，各个国家一般都有反垄断法，禁止寡头之间相互勾结，形成垄断。有些国家的法律，甚至只要寡头之间谈论定价和产量，也可能构成犯罪。因此，我们来分析小明和老王在现实情况下会做何决策，可以预计小明和老王会联合起来共同达到垄断的结果，因为这种结果使他们共同的利润最大化，但是在没有强制性约束时，垄断结果是不能持久的。

在这个案例中，小明和老王最终都会把价格定在6元/升，双方既不再降价，也不再涨价，因为无论涨价还是降价，他们各自的利润都会减少。于是，6元/升就达到了某种均衡，这种均衡就是纳什均衡，而双寡头之间的决策也陷入了囚徒困境之中。在这个例子中，小明与老王的占优策略都是定价6元/升，一旦他们达到了这种纳什均衡，小明和老王都不会改变他们的决策。

这个例子说明了合作和利己之间的冲突，合作并达到垄断的结果，会使寡头的状况更好，但由于他们追求自己的私利，最后不能达到垄断结果，而且不能使他们共同的利润最大化，每一个寡头都有降价以攫取更大市场份额的诱惑。这个例子讨论的是双寡头博弈，接下来将寡头的数量增加，按上面的逻辑继续分析，会得出以下结论：随着纯净水市场的卖者数量增加，每个卖者越来越难以通过自己来影响市场价格。也就是说，随着寡头数量的增加，价格效应在减少，当寡头数量增加到极大时，价格效应就完全消失了，卖者并不能成为价格制定者，而只能成为价格执行者，每个企业都只能按照市场行情来定价。只有市场价格高于企业自身生产产品的边际成本，它才有动力生产。

1.4.2 古诺模型的拓展情况

延续上节提到的两工厂纯净水双寡头竞争，本节将古诺模型进一步拓展，探讨三寡头削价竞争问题。

假设小李加入纯净水的生产和销售，此时，市场上就有小明、老王和小李经营的三家工厂，分别用工厂1、工厂2和工厂3表示，其各自的产量用 q_1，q_2，q_3 表示，纯净水的销售价格用 $P(Q) = 40 - Q$ 函数表示，其中 $Q = q_1 + q_2 + q_3$，三家工厂的利润分别表示为 E_1，E_2，E_3。三家工厂离散产量组合对应价格和利润如表1.6所示。

表1.6 三工厂离散产量组合对应价格和利润

q_1	q_2	q_3	P	E_1	E_2	E_3
8	16	12	4	32	64	48
8	10	12	10	80	100	120
10	10	12	8	80	80	96
10	10	10	10	100	100	100
6	6	6	22	132	132	132
14	6	6	14	196	84	84

以表1.6第二行为例，三家工厂的产量分别为8，16和12，我们记这个产量组合(策

略组合)为(8,16,12),此时市场价格为40-(8+16+12)=4,三个工厂的利润分别为32,64,48。这个策略组合显然不是最优的,因为任何一个工厂降低自己的产量都会导致所有工厂的利润增加,比如第三行中,工厂2将自己的产量由16降到10,此时的策略(产量)组合为(8,10,12),产品价格由4上升到10,三个工厂的利润为(80,100,120),比之前的利润(32,64,48)要好。

继续分析来看,当前策略(8,10,12),也不是最好的策略并且有不稳定性。对于工厂2和工厂3来说,它们是满意于当前的策略的,因为它们提高或者降低产量都会让自己的利润下降,即它们不愿意改变自己的策略。然而,工厂1并不满意于当前的策略,如果它提高2个单位的产量,并不会影响自己的利润,并且能提高它在市场中的地位。比如表1.6第四行,工厂1提高2个单位产量,此时策略组合为(10,10,12),市场价格为8,三个工厂的利润为(80,80,96)。

然而,策略组合(10,10,12)也不是一个稳定的策略。我们可以发现策略(产量)组合(10,10,10)是一个稳定策略,因为任何一家工厂单方面提高或者降低产量都会减少利润。也就是说,每家工厂没有理由单方面做出改变,因为做出改变后会降低利润,因此这个策略组合是一个均衡策略。

一般来说,均衡策略是稳定的但不一定是最优的,比如(10,10,10)这个策略是稳定的但不是最优的。我们假设有一个策略(6,6,6),在该策略下市场价格为22,三家工厂的利润为(132,132,132),这个策略的利润(得益)会比(10,10,10)这个策略的利润高,如表1.6倒数第二行所示。但实际上,三家工厂并不会采取(6,6,6)这个策略,因为在两家工厂的产量都为6时,另一家工厂单方面提高产量会使得自己的利润提高,而另外两个产量为6的工厂的利润会下降。如表1.6倒数第一行所示,如果工厂2和工厂3的产量都为6,工厂1单方面将自己的产量提高到14,那么三家工厂的利润是(196,84,84),可以看到工厂1的利润大大提高,而工厂2和工厂3的利润会下降。因此(6,6,6)并不是稳定的策略,因为工厂之间不会互相信任,如果某家工厂单方面提高产量会伤害到其他工厂的利益,所以任何工厂都不会去冒这个险,虽然(6,6,6)能比(10,10,10)带来更高的利润。

可以判断产量组合(10,10,10)是很稳定的,因为在这个产量组合下,任何一个厂商单独提高或降低产量都只会减少利润而不会增加利润。因此,产量组合(10,10,10)被称为该博弈的均衡产量,这个均衡产量就是"古诺均衡"。

如果三家工厂各生产6个单位(约垄断工厂产量的1/3),市场价格定为22,此时三个工厂的利润均为132,该结果明显高于各工厂生产10个单位产量时的利润,然而三家工厂不可能将产量一直稳定在这个水平。因为在其他两家工厂都生产6个单位时,若一个工厂单独提高产量到14个单位,就可以得到更高的利润196。因此,当没有强制性措施加以监管并保证其他工厂不会超量生产时,三家工厂各生产6个单位的产量组合是不稳定的。只有能够保证三家工厂各生产10个单位产量,它们各得100个单位利润的产量组合才具有稳定性。即使最初三家工厂并没有选择这个产量组合,或者在中途偏离了这个产量组合,在长期的发展过程中都会逐渐调整回这个产量组合。

寡头垄断市场是完全垄断和垄断竞争之间的一种市场模式,寡头垄断市场指的是某种产品的绝大部分生产是由少数几家大型企业控制的。每个大型企业在其所处市场中占有相当大的份额,对市场的影响举足轻重,如美国的钢铁、汽车、日本的家用电器等,这些都是规模庞大的行业,在这种市场条件下,商品市场价格难以通过市场的供求决定,而是由几家大型企业通过协议或默契形成。这种联盟价格形成后,一般在相当长的时间内不会发生变化。这主要是因为:当某一家企业单独降低了价格,就会引起同行业中其他竞争企业竞相降价进行报复,最终结果只能是两败俱伤,大家的利润均降低;若某一个厂商单独提高价格,则会大大降低该企业的市场占有率,更加得不偿失。

思考题

1. 什么是博弈?有哪些分类方法?博弈论的主要研究内容是什么?
2. 设定一个博弈模型必须确定哪几个方面?
3. 博弈论在现代经济学中的作用和地位如何?
4. 古诺模型的计算解题思路是什么?
5. 如何判断一个博弈是否符合纳什均衡?
6. 什么是"囚徒困境"?如何破解?

参考答案

1. 答:博弈是指一些个人、队伍或其他组织,面对一定的环境条件,在一定的规则下,同时或先后,一次或多次,从各自允许选择的行为或策略中进行选择并加以实施,各自取得相应结果的过程。一个博弈必须包含博弈方、策略空间、博弈的次序和得益(函数)这几个基本的方面。

博弈的分类方法有以下几种。

(1)根据博弈方之间是否存在一个具有约束力的协议或博弈方的行为逻辑,可分为合作博弈和非合作博弈。

(2)根据博弈方的理性层次,可分为完全理性博弈和有限理性博弈。

(3)根据博弈行为的实践序列性,可分为静态博弈、动态博弈。

(4)根据博弈方对其他博弈方的了解程度,可分为完全信息博弈和不完全信息博弈。

(5)根据博弈的信息结构以及博弈方是否充分掌握得益和博弈过程的信息,可分为完全信息静态博弈、不完全信息静态博弈、完全且完美信息动态博弈、完全但不完美信息动态博弈及不完全信息动态博弈。

(6)根据得益特征可分为零和博弈、常和博弈及变和博弈。

(7)根据博弈方的数量可分为单人博弈、两人博弈和多人博弈。

(8)根据博弈进行的次数或持续时间的长短或策略数量,可分为有限博弈和无限博弈。

(9)根据博弈的逻辑基础,可分为传统博弈和演化博弈。

博弈论是系统研究可以用上述方法定义的各种博弈问题,寻求在各博弈方具有充分或者有限理性、能力的条件下,合理的策略选择和合理选择策略时博弈的结果,并分析这些结果的经济意义、效率意义的理论和方法。博弈论主要的研究对象为公式化后的激励结构间的相互作用,是研究具有斗争或竞争性质现象的主要数学理论和方法。博弈论充分考虑了游戏中每个参与者的预测行为和实际行为,并研究了这些行为的优化策略。生物学家使用博弈理论来理解和预测进化论的某些结果。博弈论作为经济学中重要的标准分析工具之一，其在生物学、经济学、国际关系、计算机科学、政治学、军事战略和其他很多学科及领域都被广泛地应用。

2. 答：设定一个博弈模型必须确定的方面包括：

(1) 博弈方或参与人，即博弈中进行决策并承担结果的参与人。

(2) 策略，即博弈方选择的实际可行的完整的行动方案。

(3) 得益，博弈结局时的结果，即博弈方策略选择的相应后果、结果，必须是数量或者能够折算成数量。

(4) 博弈过程，即博弈方行为、选择的先后次序或者重复次数等。

(5) 信息结构，即博弈方相互对其他博弈方行为或最终利益的了解程度。

(6) 行为逻辑和理性程度，即博弈方是依据个体理性还是集体理性行为，以及理性的程度等。如果设定博弈模型时不专门设定后两个方面，就是隐含假定是完全、完美信息和完全理性的非合作博弈。

3. 答：博弈论是现代经济学研究过程中一种高效率的分析工具。博弈论在分析存在复杂交互作用的经济行为和决策问题，以及由这些经济行为所导致的各种社会经济问题和现象时非常有效。相较于其他经济分析工具，博弈论分析问题更深、更广，更能够出色且有效地揭示社会经济现象的内在规律和人类行为的本质特征。博弈论不仅是现代经济学的重要分支，也是整个现代经济学，包含微观经济学、宏观经济学等基础理论学科，以及产业组织理论、环境经济学、劳动经济学、福利经济学、国际贸易等应用经济学科在内的、多个学科的共同核心分析工具。

博弈论在现代经济学中的地位上升如此快的原因如下：第一，因为现代经济中经济活动的博弈性越来越强，运用博弈论的思想和理论方法可以有效地研究现代经济活动中存在的问题。第二，数字技术的发展推动着信息经济学的发展，而博弈论是信息经济学最重要的理论基础。第三，因为博弈论本身的方法论较为科学且严密，因此其研究的结论具有较高的可信度，揭示社会经济事物内在规律的能力也比一般经济理论更强。

4. 答：首先分别写出每一个博弈方的利润函数，接着求出其极大值的一阶条件，最后联立极大值一阶条件并求解。

5. 答：判断一个博弈是否满足纳什均衡时，可以按照以下详细步骤进行。

(1) 定义博弈：明确博弈的参与人以及他们可以选择的策略。博弈可以是单次或多次，可以有两名或更多参与人。

(2) 找到最佳响应策略：对于每个参与人，找到使其支付最大化的策略。这可以通过计算每个可能策略组合下的支付值来实现。最佳响应策略是那些使参与人能够取得最高支付的策略。

(3) 检查是否存在纳什均衡：纳什均衡是一组策略，其中每个参与人的策略是其最佳响应策略，即在其他人的策略给定的情况下，他们不能通过改变自己的策略来获得更高的支付。因此，检查是否存在这样一组策略组合，其中每个参与人的策略都是其最佳响应策略。如果这种组合存在，那么它就是纳什均衡。

6. 答：囚徒困境是博弈论中非零和博弈的典型案例，反映了个人的最佳选择往往并非团队的最佳选择。其破解方法有以下两种：第一种是让做选择的人没那么聪明，没法追求局部最优解。第二种是让做选择的人有更大的格局，更有效地联合成整体，即使博弈方的思想觉悟能够空前提高。

第二章 完全信息静态博弈

本章介绍完全信息静态博弈理论。参与人同时选择行动，或虽非同时但后行者并不知道先行者采取了什么具体行动；同时，每个参与人对其他所有参与人的特征、策略空间及得益函数有准确的认识。

完全信息静态博弈是博弈的类型之一，是非合作博弈中最基本的类型。首先我们由一个例子引出：甲、乙两人上山打猎，打到的猎物由二人平分。他们一致决定追捕一只鹿，但是他们在捕猎过程中发现了一只野兔。他们两个人合力才能抓到一只鹿，但只需要其中一人就可以抓到野兔，如果是这样的话，另外一人就没有猎物可得。于是，甲、乙二人每人都有两个选择，追鹿还是追野兔。这个例子最早出现于法国思想家卢梭的《论人类不平等的起源和基础》之中，后世将这个经典的故事称为"猎鹿博弈"。

2.1 连续产量古诺模型

2.1.1 连续产量古诺模型案例

设一市场有两家企业正在推出同一个新产品。如果企业 1 的产量为 q_1，企业 2 的产量为 q_2，则市场总产量为 $Q = q_1 + q_2$。设市场出清价格 P 是市场总产量的函数 $P = P(Q) = 14 - Q$。每增加一单位产量的边际成本相等，$c_1 = c_2 = 2$，即它们分别生产 q_1 和 q_2 单位产量的总成本分别为 $2q_1$ 和 $2q_2$，两企业在决策之前都不知道另一方的产量。

在上述问题构成的博弈中，博弈方为企业 1 和企业 2，两企业都有无限多种可选策略。该博弈中两博弈方的得益为两企业各自的利润，即各自的销售得益减去各自的成本，则

$$u_1 = q_1 P(Q) - c_1 q_1 = q_1[14 - (q_1 + q_2)] - 2q_1 = 12q_1 - q_1 q_2 - q_1^2$$

和

$$u_2 = q_2 P(Q) - c_2 q_2 = q_2[14 - (q_1 + q_2)] - 2q_2 = 12q_2 - q_1 q_2 - q_2^2$$

由上式可得，两博弈方的利润都取决于双方的产量。

虽然本博弈中两博弈方都有无限多种可选策略，因而该博弈无法用得益矩阵表示，但纳什均衡概念还是适用的，只要策略组合满足 q_1^* 和 q_2^* 相互是对对方的最佳对策就构成纳什均衡。如果可证实它是该博弈唯一的纳什均衡，就是理性博弈的结果，可以预言两个理性的厂商将分别选择这两个产量，事实上可以直接根据纳什均衡的定义求这个博弈的纳什

均衡。

在这个博弈中，我们可以直接根据纳什均衡的定义求纳什均衡策略组合。因此，如果假设策略组合(q_1^*, q_2^*)是本博弈的纳什均衡，那么(q_1^*, q_2^*)必须是最大值
$$\begin{cases} \max(12q_1 - q_1q_2^* - q_1^2) \\ \max(12q_2 - q_2q_1^* - q_2^2) \end{cases}$$ 的解。

二次项的系数都小于0，因此q_1^*、q_2^*只要能使两式各自对q_1、q_2的导数为0，就一定能实现两式的最大值。

令 $\begin{cases} 12 - q_2^* - 2q_1^* = 0 \\ 12 - q_1^* - 2q_2^* = 0 \end{cases}$,

解得该方程组的唯一一组解$q_1^* = q_2^* = 4$。因此，策略组合$(4,4)$是本博弈唯一的纳什均衡，也是本博弈的结果。即以自身最大利益为目标的两企业，都会选择生产4单位产量，最终市场总产量为$4+4=8$，市场价格为$14-8=6$，双方各自得益$4 \times (14-8) - 2 \times 4 = 16$，两企业利润总和为$16 + 16 = 32$。

从两企业总体利益最大化的角度做一次产量选择。首先根据市场条件求实现总利润最大的总产量。设总产量为Q，则总得益为$U = P(Q) - cQ = Q(14 - Q) - 2Q = 12Q - Q^2$。很容易求得使总得益最大的总产量$Q^* = 6$，最大总得益$U^* = 36$。将此结果与两企业独立决策，追求自身而不是共同利益最大化时的博弈结果相比，不难发现此时总产量较小，而总利润却较高。

因此从两企业的总体来看，如果两企业更多考虑合作，联合起来决定产量，先定出使总利益最大的产量后各自生产一半（3个单位），则各自可分享到的利益为18，比只考虑自身利益的独立决策行为得到的利益要高。

各生产一半实现最大总利润总产量的产量组合$(3,3)$，不是该博弈的纳什均衡策略组合。也就是说，在这个策略组合下，双方都可以通过独自改变自己的产量而得到更高的利润，它们都有突破3个单位产量的冲动，两企业早晚都会增产，只有达到纳什均衡的产量水平$(4,4)$时才会稳定。双方的产量困境如表2.1所示。

表2.1 双方的产量困境

		企业2	
		不突破	突破
企业1	不突破	18, 18	15, 20
	突破	20, 15	16, 16

博弈的古诺模型是一种囚徒困境，无法实现博弈方总体和各个博弈方各自最大利益。

2.1.2 古诺模型n个企业连续产量博弈

设企业i的产量为q_i，则n家企业的总产量就是$Q = \sum_{i=1}^{n} q_i$。已知市场价格P是总产量的减函数，即$P = P(Q)$，因此$P = P(Q) = P(\sum_{i=1}^{n} q_i)$。这样，企业$i$的得益就为$P(Q) \times$

$q_i = q_i \times [p(\sum_{i=1}^{n} q_i)]$。再假设企业 i 生产单位产量的成本为固定的 c,则它生产 q_i 单位产量的总成本为 cq_i。因此,企业 i 生产 q_i 产量的利润为 $q_i \times P(\sum_{i=1}^{n} q_i) - cq_i = q_i[P(\sum_{i=1}^{n} q_i) - c]$。

2.1.3 古诺模型的应用

产量博弈的古诺模型是一种囚徒困境,表明在未经协调的情况下,各博弈方追求个体利益最大化的同时,无法达到整体最优的效益状态。这对于指导市场经济的运行、管理和评估产业组织及社会经济体制的有效性具有核心意义。它揭示了自由市场竞争机制下隐含的低效问题,即完全的自由放任不一定能促进资源的最佳配置。因此,这些结论说明政府介入市场、实施合理调控和加强监管的重要性,以克服市场失灵,促进经济整体的健康与高效发展。

一个生动反映古诺模型实际应用的案例是发生在20世纪80—90年代,石油输出国组织(OPEC)在国际石油市场中的配额设定与超额生产现象。这一情境恰如古诺模型所述,成员国如同两个互相竞争的寡头,虽然它们试图通过协议限制产量以提高油价,类似于寡头间的默契合作,但每个成员都有动机超越约定的生产限额以增加自身得益,类似于古诺模型中厂商的非合作策略,最终导致整体产量控制失效和价格稳定目标的难以达成。也就是说,按照规定的生产限额生产时,每个国家都知道如果其他国家限额生产自己超额生产则会获得更多得益,并且因为只有一国超额生产,油价不会下跌太多,从而其他各国只是普遍受少量损失,因此每个国家在利益的驱使下,都会希望其他国家遵守规则而自己偷偷超额生产,独享更多的利益,最终的结果是各国都突破限额,油价严重下跌,都只能得到不是最满意的纳什均衡的利润,这基本上就是石油输出国组织成员国面临的实际情况。

2.2 伯特兰德寡头模型

2.2.1 定义

伯特兰德模型(Bertrand Model)是由法国经济学家约瑟夫·伯特兰德(Joseph Bertrand)于1883年建立的。古诺模型和斯塔克尔伯格模型都是把厂商的产量作为竞争手段,是一种产量竞争模型,而伯特兰德模型是价格竞争模型。伯特兰德模型属于博弈分析中的静态博弈分析。古诺模型和伯特兰德模型属于静态博弈模型,而斯塔克尔伯格模型属于动态博弈模型(博弈存在先后顺序)。

伯特兰德模型假设价格为策略性变量虽然更为现实,但是它所推导出的结果却过于极端,由于与现实不甚相符而遭到了很多学者的批评。这是将其称为伯特兰德悖论的主要原因。因此,学者们在研究市场中企业的竞争行为时,更多的是采用古诺模型,即用产量作为企业竞争的决策变量。

2.2.2 前提假定

伯特兰德模型假定，当企业制定其价格时，认为其他企业的价格不会因它的决策而改变，并且 n 个（为简化，取 $n=2$）寡头企业的产品是完全替代品。A、B 两个企业的价格分别为 p_1、p_2，边际成本都等于 c。

根据模型的假定，A、B 两个企业的产品之间有很强的替代性（完全可替代，即价格不同时，价格较高的会完全销不出去），所以消费者的选择就是价格较低的企业的产品；如果 A、B 的价格相等，则两个企业平分需求。因此，两个企业会竞相削价以争取更多的顾客。当价格降到 $p_1 = p_2 = Mc$ 时，达到均衡，即伯特兰德均衡，期中 M 为常数。

2.2.3 结论

只要有一个竞争对手存在，企业的行为就同在完全竞争的市场结构中一样，价格等于边际成本。

具体推导过程如下：

假设当厂商 1 和厂商 2 价格分别为 p_1、p_2 时，边际成本为 c_1、c_2。设各自的需求函数为（其中，a_1，b_1，d_1，a_2，b_2，d_2 为常数）：

$q_1 = q_1(p_1, p_2) = a_1 - b_1 p_1 + d_1 p_2$

$q_2 = q_2(p_1, p_2) = a_2 - b_2 p_2 + d_2 p_1$

$u_1 = u_1(p_1, p_2) = p_1 q_1 - c_1 q_1 = (p_1 - c_1) q_1 = (p_1 - c_1)(a_1 - b_1 p_1 + d_1 p_2)$

$u_2 = u_2(p_1, p_2) = p_2 q_2 - c_2 q_2 = (p_2 - c_2) q_2 = (p_2 - c_2)(a_2 - b_2 p_2 + d_2 p_1)$

得益函数在偏导数为 0 时有最大值。

$$\begin{cases} p_1 = \dfrac{1}{2b_1}(a_1 + b_1 c_1 + d_1 p_2) \\ p_2 = \dfrac{1}{2b_2}(a_2 + b_2 c_2 + d_2 p_1) \end{cases}$$

纳什均衡（p_1'，p_2'）必是两个反应函数的交点，代入方程解得：

$$\begin{cases} p_1' = \dfrac{d_1}{4b_1 b_2 - d_1 d_2}(a_2 + b_2 c_2) + \dfrac{2b_2}{4b_1 b_2 - d_1 d_2}(a_1 + b_1 c_1) \\ p_2' = \dfrac{d_2}{4b_2 b_1 - d_2 d_1}(a_1 + b_1 c_1) + \dfrac{2b_1}{4b_2 b_1 - d_2 d_1}(a_2 + b_2 c_2) \end{cases}$$

上述是两个寡头的伯特兰德模型，还有 n 个寡头的伯特兰德模型，即一般的伯特兰德模型，同时，也假设产品是无差别的。那么，当产品无差别时，消费者对价格变化极为敏感时，模型考虑到这种敏感性对市场的影响：若产品完全相同，定价较高的厂家将面临无人问津的境地，从而价格差异无从谈起。多寡头情形不过是两寡头模型逻辑的延伸，关键在于确定每个厂家针对其他所有厂家定价的反应策略，通过寻找这些策略曲线的交叉点来求得平衡点。值得注意的是，这种基于价格调整的纳什均衡本质上反映了一种囚徒困境现象，意味着即便共同维持高价对所有厂家都更有利，它们还是会陷入竞相降价的循环中。现实生活中，诸如家电零售商的价格竞争、汽车制造商之间的价格竞争，都是这类囚徒困境在市场上的直观体现。

根据伯特兰德模型，谁的价格低谁将赢得整个市场，而谁的价格高谁将失去整个市场，因此寡头之间会相互削价，直至价格等于各自的边际成本为止。所以可以得到两个结论：

(1) 寡头市场的均衡价格为：$p = Mc$。

(2) 寡头的长期经济利润为 0。

这个结论表明只要市场中企业数目不小于 2 个，无论实际数目多大都会出现完全竞争的结果，这显然与实际经验不符，因此被称为伯特兰德悖论。

2.2.4 伯特兰德模型存在的问题及评价

伯特兰德模型之所以会得出这样的结论，与它的前提假定有关。从模型的假定看至少存在以下两方面的问题。

(1) 假定企业没有生产能力的限制。如果企业的生产能力是有限的，它就无法供应整个市场，价格也不会降到边际成本的水平上。

(2) 假定企业生产的产品是完全替代品。如果企业生产的产品不完全相同，就可以避免直接的价格竞争。

2.3 田忌赛马详细解释

2.3.1 故事概括

田忌赛马的故事出自《史记·孙子吴起列传》：

"齐将田忌善而客待之。忌数与齐诸公子驰逐重射。孙子见其马足不甚相远，马有上、中、下辈。于是孙子谓田忌曰：'君弟重射，臣能令君胜。'田忌信然之，与王及诸公子逐射千金。及临质，孙子曰：'今以君之下驷与彼上驷，取君上驷与彼中驷，取君中驷与彼下驷。'既驰三辈毕，而田忌一不胜而再胜，卒得王千金。于是忌进孙子于威王。威王问兵法，遂以为师。"

2.3.2 策略分析

首先要从语言上分析这个典故。

"孙子见其马足不甚相远"这一句是前提，否则这个故事就不会发生。我们可以这样理解这句话，即"齐威王和田忌的马根据速度划分各有上、中、下三种等级各一匹，其中田忌的马比同一等级齐王的马跑得慢，但比齐王低一级的马跑得快"。

假如齐威王的马按速度由快到慢分为 A_1、A_2、A_3，田忌的马由快到慢分为 B_1、B_2、B_3，那么这六匹马由快到慢依次是 A_1、B_1、A_2、B_2、A_3、B_3。

另外，"及临质"这一句起到了至关重要的作用。这句话在这个故事中应该翻译为"等到将要开始比赛的时候"，那么这句话告诉了我们一个什么信息呢？

孙膑献计田忌改变马的出场顺序这一情况并不为齐威王所知，这也成了田忌在第二轮赛马中能够胜出的重要因素。"威王问兵法，遂以为师。"这一句也是关键所在，通过这一句话得知，齐威王并不知道自己是怎么输的，所以请教孙膑。如果齐威王知道其中的玄机，那么田忌将必输无疑。

以上三点是田忌赛马故事得以出现的基本前提。

田忌赛马这个典故是非合作博弈，也是零和博弈，但是对于它是否属于完全意义上的完全信息博弈却很有争议。如果从策略部署的角度来看，当田忌通过孙膑的策略改变比赛的决策顺序或者隐藏了自己的出赛策略时，即齐威王没有想到孙膑在第一局会选择以下等马对自己的上等马，导致自己输掉比赛，这在某种程度上可以看作是引入一种信息不对称或有限信息的情境，此时可以视为一种不完全信息静态博弈。传统上，田忌赛马被分析视为完全信息博弈的例子，因为所有参与人（田忌、孙膑以及齐威王）对于马匹的分级（上、中、下）都有明确的认识。

田忌赛马所有可能的行动序列｛上中下，上下中，中上下，下上中，下中上，中下上｝，即共有六个可能的行动。在此博弈中，由于是齐威王先行动，所以无论马的出场顺序如何，作为自然的孙膑总是可以帮助田忌，以下等马对上等马，以中等马对下等马，以上等马对中等马（顺序无先后），也就是说田忌有100%的可能获得2/3的得益。但在现实生活中，一方的决策是严格保密的，作为自然的孙膑并不可能事先知道齐威王的决策。而齐威王有六种行动序列，相对应，田忌也有六种，但只有一种情况可以助田忌胜出。所以齐威王获胜的概率是5/6，而田忌获胜的概率是1/6。所以说，这不是一个完全公平的博弈。

如果不预设前提，田忌没有一种策略能保持自己的胜率。博弈的结果是固定的，田忌输多赢少。也就是说，这个案例是不能重复的，非重复博弈，只能用一次。从案例中，田忌知道齐威王每次出什么马，也就是说对于田忌信息是对称的，对于齐威王来讲信息就不是对称的了，也就是说每次比赛齐威王知道自己出什么马却不知道田忌出什么马。田忌可以根据齐威王的出马情况决定自己出什么马，比赛的规则明显对田忌有利。

根据以上预设前提，可以将田忌赛马表达成一个博弈问题：

(1)该博弈问题有两个博弈方，即齐威王和田忌。
(2)双方同时做出选择。
(3)两个博弈方可选择的策略是己方马的出场次序。
(4)田忌赛马得益矩阵参看第一章表1.1。

2.3.3 博弈角度分析

前文分析了该故事的三个前提。
(1)田忌的每等级的马均次于齐威王同等级的马，但强于齐威王下等级的马。
(2)齐威王事先不知道田忌临阵改变了马的出场顺序。
(3)齐威王不知道改变马的出场顺序中的玄机。

以下的分析，基于这三个前提条件。

判断田忌赛马是否符合博弈的相关要素：齐威王和田忌是博弈的参与人；策略选择按照排列组合来计算，共有六种；博弈的次序是双方同时决策，齐威王是先手；博弈的信息是不完全的，齐威王不知道田忌策略的变化；得益是"千金"的奖励。通过分析这些要素，我们得出一个结论，即田忌赛马是一个完整的博弈。再通过分析可以判断田忌赛马属于博弈中的零和博弈。

2.3.4 田忌赛马具体博弈过程

在田忌赛马中,其参与人集合 $N=\{0, 1, 2\}$,0代表自然。H 是全历史集合,表示所有可能的行动序列{上中下,上下中,中上下,中下上,下上中,下中上},即共有六种可能的行动。在此博弈中,作为自然(自然是指不以博弈参与者的意志为转移的外生事件)条件的孙膑都可以帮助田忌,以下等马对上等马,以中等马对下等马,以上等马对中等马,这样如果把三场全胜看作"1",那么田忌总有"2/3"的得益。也就是说田忌有100%的可能获得2/3的得益。齐威王由于过分自信或者其他原因,未能识破其中的玄机,所以齐威王在这场比赛中败了。

2.3.5 结论

在此博弈中,由于齐威王过分自信,将自己的策略告诉了田忌,使得田忌获胜的概率在仅有1/6的情况下,也取得了比赛的胜利。

2.4 小偷与守卫模型举例

2.4.1 故事概括

因为对博弈论的贡献获得1994年诺贝尔经济学奖的 Reinhard Selten 教授,1996年在上海的一次讲演中,举了一个小偷和守卫之间博弈的例子。小偷欲偷窃仓库,如果小偷偷窃时守卫在睡觉,小偷能偷得价值 V 的赃物;如果小偷偷窃时守卫没睡觉,小偷会被抓住。

设小偷被抓住后坐牢为负效用 $-P$,偷窃成功为正效用 V,守卫因睡觉被窃要受处罚为负效用 $-D$,守卫睡觉仓库未被偷,守卫获得得益为 S。小偷不偷既无得也无失,守卫不睡意味着出一份力挣一份钱也没有得失。根据假设,小偷在博弈中有"偷"和"不偷"两种策略,守卫有"睡"和"不睡"两种策略。

2.4.2 在采购案例中的应用

(1)采购人员想拿回扣,管理人员为了公司的利益着想不能让采购员拿回扣。

(2)如果采购人员拿了回扣没有被发现,则采购人员得到的回扣价值为 V。

(3)如果采购人员拿了回扣被发现,则采购人员就会受到惩罚,采购人员得到的负效用为 $-P$。

(4)如果管理人员没有实施任何措施而采购人员也没有拿回扣,那么管理人员可以得到的正效用为 S。

(5)如果管理人员没有去实施任何措施,而采购人员拿了回扣,管理人员会受到批评,得到的负效用为 $-D$。

(6)如果采购人员没有拿回扣,且管理人员做了措施,那么他们都履行了自己的职责,二人均没有得失。

采购案例得益矩阵如表 2.2 所示。

表 2.2 采购案例得益矩阵

		管理人员	
		不实施措施	实施措施
采购人员	拿回扣	V, $-D$	$-P$, 0
	不拿回扣	0, S	0, 0

先讨论采购人员选择拿回扣与不拿回扣两种策略概率的确定。在图 2.1 中，横轴表示采购人员选择拿回扣策略的概率 P_1，它分布在 $0\sim1$ 之间，"不拿回扣"的概率则等于 $1-P_1$；纵轴则反映应对采购人员的两种策略，管理人员选择不实施措施的策略的期望得益。图 2.1 中 S 到 $-D$ 连线的纵坐标就是在横坐标对应采购人员拿回扣的概率下，管理人员采取不实施措施策略的期望得益 $S(1-P_1)+(-D)P_1$。

该线与横轴的交点 P_1' 就是采购人员拿回扣的最佳概率，不拿回扣的最佳概率为 $1-P_1'$。假设采购人员拿回扣的概率大于 P_1'，管理人员不实施措施的期望得益小于 0，他肯定选择实施措施，从而采购人员拿回扣被发现被处罚，因此采购人员拿回扣的概率大于 P_1' 是不可取的。反过来，如果采购人员拿回扣的概率小于 P_1'，则管理人员不实施措施的期望得益大于 0，管理人员就会选择不实施措施，即使采购人员提高拿回扣的概率，只要不大于 P_1'，管理人员都会选择不实施措施，采购人员就不用害怕被发现。在保证不被发现的前提下，采购人员拿回扣的概率越大得益越大。因此，采购人员拿回扣的概率趋向于 P_1'，均衡点是采购人员以概率 P_1' 和 $1-P_1'$ 分别选择拿回扣和不拿回扣。此时管理人员实施措施和不实施措施的期望得益都等于 0，选择的策略期望得益都相同。

同理可得，如图 2.2 所示，P_2^* 和 $1-P_2^*$ 是管理人员的最佳概率选择。

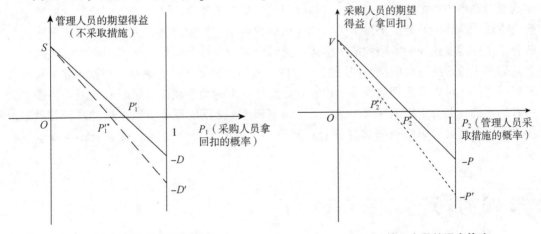

图 2.1 采购人员的混合策略　　　　图 2.2 管理人员的混合策略

2.4.3 结论

在采购人员和管理人员的博弈中，采购人员分别以概率 P_1 和 $1-P_1$ 随机选择"拿回扣"和"不拿回扣"，管理人员分别以概率 P_2 和 $1-P_2$ 随机选择"实施措施"和"不实施措施"时，双方都不能通过改变策略改善自己的期望得益，因此构成混合策略纳什均衡。

假设公司为了抑制吃回扣现象而加重对采购人员的惩罚，也就是加大 P，在图2.2中即 $-P$ 向下移动到 $-P'$。如果管理人员不改变原均衡的混合策略概率分布，此时采购人员"拿回扣"的期望得益会变为负值，采购人员会停止"拿回扣"。但是在长期中，采购人员减少"拿回扣"会使管理人员更多选择"不实施措施"，最终管理人员会将"不实施措施"的概率提高到 $P_2^{*'}$，达到新的均衡，采购人员"拿回扣"的期望得益又恢复到0，会重新选择混合策略。由于采购人员的混合策略概率分布由图2.1决定，不受 P 值的影响。因此，在长期中公司加重对采购人员的惩罚最多只能抑制短期的拿回扣发生率，对长期拿回扣率没有影响，长期作用是让管理人员更多偷懒。当然，如果将管理人员可以轻松赚钱也看作增加社会福利，或者理解成单位可以减少管理人员，那么公司加重对采购人员的惩罚还是有意义的。

如果加重对管理人员失职处罚，即将对管理人员处罚由 D 增大到 D'。如果采购人员"拿回扣"的概率不变，管理人员"不实施措施"的期望得益变为负值，管理人员会选择"实施措施"。管理人员"实施措施"采购人员只能减少"拿回扣"，直到由 P_1^* 下降到 $P_1^{*'}$，此时管理人员又会恢复混合策略。因此，加重对管理人员的处罚短期效果是使管理人员真正尽职，但长期中并不能使管理人员更尽职，管理人员的尽职程度不是由 D 决定。在长期加重处罚失职管理人员的真正作用，恰好降低采购人员拿回扣的概率。

2.4.4 模型的启示

小偷和守卫博弈揭示的这种政策目标和政策结果之间的意外关系，常被称为"激励的悖论"。这个悖论对于制定政策和进行管理很有启发性。

对于上面的分析读者可能仍然存在疑问，因为很难相信现实中的小偷和守卫有选择上述混合策略概率的意识和能力，通过反复博弈摸索均衡概率似乎也不现实。这些问题在类似的混合策略均衡博弈中都存在。这些疑问其实早在纳什提出纳什均衡概念时，就给出了解决方法。纳什一开始就提供了关于纳什均衡的理性主义和群体行为两种解释。理性主义解释是个体理性选择的策略均衡，群体行为解释是指大量个体组成的群体中，面临同样博弈问题采用特定纯策略的频率（比例）稳定性。按照这种群体行为解释，小偷和守卫对混合策略的选择，可以分别理解为某个地区偷盗案件发生的频率和该地区所有守卫中偷懒和勤勉者的比例，混合策略纳什均衡就是上述频率和比例之间的平衡关系。这种解释并不要求小偷和守卫有混合策略概率选择的意识和能力，因此更符合实际，对于指导实践也更有意义。

思考题

1. 什么是零和博弈？
2. 什么是纳什均衡？
3. 假设某大宗商品的国际需求函数 $Q = a - P$，两个寡头公司1，2向该市场提供同质产品，拥有不变的单位边际生产成本，分别为 C_1，C_2，且有 $a > C_2 > C_1$。

问：若两个企业的供给能力充足而展开伯特兰德竞争，则各自的纳什均衡情况价格策略是什么？

1. 答：零和博弈又称零和游戏，与非零和博弈相对，是博弈论的一个概念，属于非合作博弈。它是指参与博弈的各方，在严格竞争下，一方的得益必然意味着另一方的损失，博弈各方的得益和损失相加总和永远为"零"，故双方不存在合作的可能。

2. 答：纳什均衡是指在包含两个或以上参与人的非合作博弈中，如果每个参与人选择了自己的策略，并且没有人可以通过改变策略而获益，那么当前的策略构成了纳什均衡策略；纳什均衡又称"非合作博弈均衡"，各博弈方在没有合作的基础上，选择得益最大的策略，而这个策略对于各博弈方来说，往往与合作之后的结果一样。

3. 答：伯特兰德的均衡情况为：对于厂商1来说，其利润函数为：
$$\pi_1(q_1, q_2) = (P - C) \times Q(q_1, q_2)$$

$Q_1(q_1, q_2)$ 表示厂商1的需求函数，由下式给出。

$Q_1(q_1, q_2) = Q(P_1)$ 如果 $P_1 < P_2$；

$Q_1(q_1, q_2) = Q(P_1)$ 如果 $P_1 = P_2$；

$Q_1(q_1, q_2) = 0$ 如果 $P_1 > P_2$；

由上式可知，如果厂商1的定价 P_1 大于厂商2的定价 P_2，则厂商1会失去整个市场，对其产品的需求为0，该厂商的利润也就为0；如果 $C_2 > C_1$，则厂商1会以 $P_1 = C_2 - \varepsilon$（$\varepsilon > 0$，且是无穷小）的价格进行销售，此时厂商1会占领所有的市场价额，厂商2停产。

第三章 完全且完美信息动态博弈

本章介绍完全且完美信息动态博弈理论。动态博弈，也称为多阶段博弈、序列博弈或扩展形博弈。其特点是博弈双方互相了解得益情况，博弈具有先后顺序性，后选择的博弈方在看到前面博弈方的选择后根据情况再进行选择。

动态博弈和静态博弈的区别主要体现在博弈方的选择行为有先后顺序。因此它们在表现方法、得益关系、分析方法和均衡概念等方面都不同。在动态博弈中，每个博弈方的先后选择行为都会影响后面博弈行为者的选择和结果，最终导致各博弈行为者的利益不对称。在一些博弈中，如厂商产量博弈，后行为者可以获得先行为者的决策信息，从而有更充分的决策条件，避免因为盲目决策而损失利益，在市场获得主导地位。在另外一些博弈中，比如分金币游戏，先行动的一方具有先发优势因而有更多的选择机会，会优先采取对自己有利的行为。这种不对称性是动态博弈和静态博弈的重要区别之一，并不是所有动态博弈的行为顺序都会导致利益差异。

3.1 逆推归纳法

逆推归纳法是从最终目标开始逆向思考，通过归纳推理寻找最佳决策的方法。逆推归纳法的逻辑基础：在动态博弈中，先行动的参与人在前一阶段选择行为时，必然会考虑后行动的参与人在下一阶段的行为选择。因此，只有在最后一阶段的参与人才能不受其他参与人的限制直接选择，而且下一阶段参与人的选择确定后，上一阶段参与人的行为也很容易确定。逆推归纳法排除了不可靠的威胁或承诺。

不同于静态博弈只需要做一次分析，动态博弈既需要全局分析，又需要分阶段分析，不仅要考虑自身策略，还要考虑并尽可能预判对方的所有可能反应以及对策。在动态博弈过程中，如果能够换位思考，从对方视角思考对方在各个阶段如何选择策略，就更有条件预测整个博弈过程的最终结果，再据此做出对自身最有利的选择。为做到这一点，一个有效方法是逆推归纳法，即通过反向预判对方决策，再推理出自己当前的最优决策。

具体来说，要仔细思考自己决策可能引发的所有后续反应，以及该反应的后续反应，直至博弈结束；再从最后一步开始，逐步倒推，以此找出自己在每一步中的最优决策。逆推归纳法是一种从最终目标开始逆向思考，通过归纳推导找到最佳决策的方法。

举一个例子来说明。假设某地发生了一场自然灾害，需要进行紧急救援和资源调配。应急管理部门需要决定如何分配有限的救援资源，以最大程度地减少伤亡和损失。

首先，我们可以从最终目标出发，即减少伤亡和损失。然后，逆向思考，考虑在不同的情况下，采取不同的救援资源分配策略。

A、B 地区有可以相互运输救援人员和物资的关系。

A 地区人口密集，需要 70 单位的物资进行紧急救援，但缺少物资约 20 单位，而 B 地区有多余的物资，但是交通情况较差。

A 地区可以拥有这 20 单位的物资，在完成灾害救援后可以返回 B 地区一半单位的物资，以便在 B 地区没有充足物资，但在时间允许内勉强可以使用的状态下实施及时且良好的救援。

B 地区因为经济与紧急程度的综合考量，选择向 A 地区输送救援人员和物资。

B 地区有选择输送和不选择输送两个选择，因为经济与紧急程度的综合考量，需要考虑如果选择输送的情况下和不输送情况下的结果是否可以达到灾害救援效率最大化的目的。

当 B 地区选择不输送物资时候，则之间博弈结束，B 地区会有 20 单位的物资剩余，可以尽可能地在自己灾区尽快实施救援。

当 B 地区选择输送的时候，A 地区可以有近 70 单位的物资救援，考虑灾区的综合情况和能否返回 B 地区进行运输救援工作，A 地区也有"返回"和"不返回"两个选择。

在两阶段的动态博弈中，B 地区进行灾区救援的决策关键是 A 地区、B 地区灾情和 A 地区是否及时返回物资的综合考量，因为事件的不确定性，B 地区可能存在风险，为了使救援工作更加全面及时高效化，灾区都有向灾情指挥总部请示非常紧急救援物资的权力，我们以 B 地区为主体，可以使向 A 地区运输的物资紧急返回，由于 B 地区可能启动灾情非常紧急的机制措施，优先对 B 地区驰援，将 A 地区的物资率先输送至 B 地区，如图 3.1、图 3.2 所示。

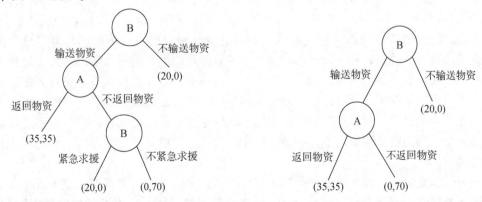

图 3.1　B 地区向 A 地区是否输送物资的动态博弈　　图 3.2　A 地区是否向 B 地区返回物资的动态博弈

通过逆推归纳法，应急管理部门根据不同的情况和目标，就可以从这几种选择中制定出最佳的救援资源分配策略，以最大程度地减少伤亡和损失。

3.2 动态博弈

3.2.1 动态博弈的概念

动态博弈，是指博弈各方的行为选择有先后顺序，后方博弈者在选择时可以观察到前方博弈者的行为，并由此做出选择。在动态博弈中，博弈方的选择有先后顺序，一般把一个博弈方的一次选择称为一个"阶段"，在博弈过程中也可能存在几个博弈方同时选择的情况，此时这些博弈方的同时选择就构成了一个阶段，一个动态博弈至少要有两个阶段，但往往存在多个阶段，比如国际象棋、电子商务价格战等，所以动态博弈具有多阶段性的特征。动态博弈广泛应用于经济学、政治学、军事战略以及人工智能等领域。

一个动态博弈的具体例子是公司与工会之间的工资谈判。

假设一家公司与一个代表工人的工会进行工资谈判。公司希望降低成本并提高利润，而工会则代表工人争取更高的工资和福利。

在这个博弈中，公司和工会都有自己的目标和限制条件。公司希望通过提供较低的工资来减少成本，而工会则努力为工人争取更高的薪资和更好的福利待遇。

在谈判过程中，公司和工会将就工资水平和福利等关键问题进行讨论和协商。公司可能会提出一个相对较低的起始工资，而工会可能会提出一个较高的起始工资。通过双方的提议和反馈，谈判的结果可能是双方达成某种妥协或达成协议。

在这个动态博弈中，公司和工会需要考虑对方的立场和利益，以及自己的谈判策略和底线。公司可能会威胁将工作外包，以降低工人工资的要求，而工会可能会威胁组织罢工来支持工人的利益。这个例子表现了一个典型的动态博弈，其中公司和工会之间进行着权力和利益的较量。通过协商和妥协，双方寻求达成一个既能满足自己利益又能接受对方的解决方案的平衡点。

博弈存在于生活的每个角落，不仅被应用在公司业务谈判中，而且被应用在一些趣味游戏中。以"狼人杀"游戏为例，这款游戏本质上是主体间的动态博弈，所有玩家（神除外）都是这段博弈的参与人。在游戏活动中，先做出选择的好处是，先行者一旦做出决定，后行者的选择空间就会受到限制。理论上，在游戏开始之前，每个玩家都有多种选择策略，无论选择哪一种都有利于自己的阵营。但随着游戏的进行，后行者的最优策略逐渐压缩为有限的几种甚至是唯一的一种。后行者的优势如下：继任者可以观察先行者所做的选择，对先行者的选择进行形势评估，制定出当前形势下自己应采取的最佳策略。因为此游戏是动态博弈的过程，所以即使玩家在不同策略中达到了理论的纳什均衡，也不意味着游戏一成不变，因为纳什均衡点不止一个，原先的均衡一旦被打破，参与人会自动寻求新的策略均衡点。

重复博弈是动态博弈中的重要内容，它可以是完全信息的重复博弈，也可以是不完全信息的重复博弈。当博弈只进行一次时，每个参与人都只关心一次性的付出（如执行某种策略或跳过策略选择），如果博弈是重复多次的，参与人可能会为了长远利益而牺牲眼前的利益，从而选择不同的均衡策略。因此，重复博弈的次数会影响到博弈均衡的结果。

动态博弈在学术论文研究中也被称为演化博弈，此类文献研究参与主体之间的行为及交互变化，参与活动的主题行动有明显的先后顺序，而且行动的后者会根据前者的行为做出相应的选择。在决策之前，首先假设参与决策的主体是有限理性的，因为在实际活动中参与主体的认知水平是有限的，存在信息不对称问题。由于有限理性的存在，参与人不知道哪一种行为会为他带来最大的得益，因此会不确定自己的选择，此决策可能受周围环境等因素的影响让决策者做出动态调整，调整策略的过程就是为了获得利益最大化，在此种博弈过程中由于参与人存在策略调整的行为，所以称此种博弈为动态博弈。

动态博弈的参与人一般至少有两个，但不局限于两个。对于动态博弈而言，永远没有固定的最优决策，每个主体的最优决策一定是基于其他主体变化而产生改变的。在一些核心期刊关于动态博弈的研究中，当博弈主体为双方时，一般选取政府与企业二者进行博弈，当博弈主体变成三方时，有时会加入公众参与决策，少数研究还会加入行业协会等主体使研究变为四方主体博弈。参与博弈的主体一般有两种行为，即执行或不执行，参与博弈的主体越多，博弈结果的可能性也越多，双方博弈中一共有 2×2 种博弈结果，三方博弈共有 2×2×2 种博弈结果。

以下为学术研究中的一个例子，假设一个博弈双方 A、B，A 的行为是监管 R 与不监管 NR，概率分别为 x 和 $1-x$，B 的行为是投资 I 与不投资 NI，概率分别为 y 与 $1-y$，A、B 的得益为 X、Y，成本为 C，那双方博弈的得益关系如表 3.1 所示。

表 3.1 双方博弈的得益关系

A 监管与否			B 投资与否	
			y	$1-y$
			I 投资	NI 不投资
	x	R 监管	$X_1 - C_1$ $Y_1 - C_1$	$X_2 - C_2$ $Y_2 - C_2$
	$1-x$	NR 不监管	$X_3 - C_3$ $Y_3 - C_3$	$X_4 - C_4$ $Y_4 - C_4$

在此次双方博弈中会出现四种策略选择，每种策略对不同主体都存在不同的得益。求均衡点就是根据得益矩阵得出复制动态方程。

(1) 当 A 选择监管时：

得益期望 $E_R = x(X_1 - C_1) + (1-x)(X_2 - C_2)$

(2) 当 A 选择不监管时：

得益期望 $E_{NR} = x(X_3 - C_3) + (1-x)(X_4 - C_4)$

$$\overline{E}_x = xE_R + (1-x)E_{NR}$$

$$F(x) = \frac{dx}{dt} = x(E_R - \overline{E}_x)$$

(3) 当 B 采取投资策略时：

得益期望 $E_I = y(Y_1 - C_1) + (1-y)(Y_3 - C_3)$

(4) 当 B 不采取投资策略时：

得益期望 $E_{NI} = y(Y_2 - C_2) + (1-y)(Y_4 - C_4)$

$$\overline{E}_y = yE_I + (1-y)E_{NI}$$

$$F(y) = \frac{dy}{dt} = y(E_I - \overline{E}_y)$$

在求出该动态博弈的微分方程后可借助 MATLAB 软件对微分方程进行求解，并绘制相应图形。常见的微分方程图形主要有两种：第一种图形用来描述主体间行为概率，探究一个主体行为概率变化对另一主体的影响；第二种以无量纲的时间为横坐标，纵坐标表示主体行为概率随时间变化的情况。通过两种演化图形的结合可得出相应的分析。

3.2.2 子博弈完美纳什均衡

一个动态博弈过程中，由第一阶段以外的某阶段开始的后续博弈阶段构成，有初始信息集和进行博弈所需要的全部信息，能够自成一个博弈的原博弈组成部分，称为原动态博弈的一个"子博弈"。

在经济学中，子博弈完美纳什均衡被定义为一个策略组合，且满足两个条件：一是该策略组合是整个博弈的纳什均衡，二是该策略组合的相关行动规则在每个子博弈上都是纳什均衡。

市场竞争动态博弈案例如下。

每个行业，总会有先进者和后进者，互相之间会展开竞争。先进者会想办法阻止后进者，以增加后进者成本，压缩后进者得益，甚至逼后进者退出市场；后进者也会掂量，评估先进者如何阻击，再考虑能否应对阻击获得足够得益，以决定是否进入市场。

不妨假设甲公司是先进者，乙公司是后进者。在乙公司未进入市场时，甲公司获得得益是 8，乙公司没有得益。假如乙公司选择进入市场，如果没有遇到甲公司阻击，那么两家公司就会分割市场利益，这时甲公司得益是 5，乙公司得益是 3。如果受到甲公司阻击，虽然甲公司阻击需要成本，但是也为自己争取市场利益，这时甲公司得益是 6，乙公司得益是 -1。那么，乙公司将会采取怎样的市场策略？

如图 3.3、图 3.4 所示，将甲乙公司动态博弈过程用树形图表示。其中，括号里面左边数据表示甲公司在该种情形下的得益，右边数据表示乙公司的得益。

同样可以采用逆向归纳法进行分析。假如乙公司进入市场，这时甲公司最佳策略一定是阻止乙公司。因为甲公司从自身利益出发，阻击乙公司能够给自己带来更多利益。

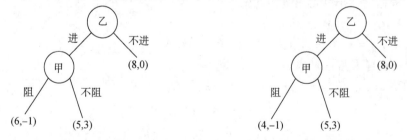

图 3.3　甲、乙公司动态博弈情景一树形图　　图 3.4　甲、乙公司动态博弈情景二树形图

动态博弈第一阶段，乙公司在考虑要不要进入市场时，通过上述分析能够预判到甲公司一定会采取手段进行阻止。这时乙公司得益为负数，即乙公司会在市场中遭受损失。如果不进入市场，那么乙公司虽然没有得益，但也不会有损失。因此，乙公司此时最佳策略就是不进入市场。在整个博弈过程中，甲公司阻止具有可信度，对乙公司有威胁，乙公司如果理性思考，就不会选择进入市场和甲公司竞争，这就是上述动态博弈过程的纳什均衡。

如果得益损失数据发生变化，例如变成情景二，乙公司最佳博弈策略也会发生变化。情景二中，甲公司阻止乙公司得益变为(4, -1)，即甲公司得益 4, 乙公司损失 1。同样采用逆向归纳法进行分析。在情景二中，当乙公司进入市场时，对于甲公司来说，最佳策略是不阻止，因为不阻止乙公司获得得益更多。

在情景二中，当乙公司考虑是否进入市场时，就会预判到甲公司不会阻止自己，进入市场得益是 3, 比起不进入市场 0 得益为多。如此一来，乙公司最优博弈策略是进入市场，和甲公司竞争。在这个过程中，乙公司选择进入市场，甲公司选择不阻止乙公司，是该动态博弈中纳什均衡。这时甲公司阻止不可信，不会对乙公司构成威胁，因为乙公司知道甲公司不会牺牲更多利益真阻止自己。

从这个案例中不难发现，在市场竞争中，并不一定是先进者会阻止后进者，对于后进者来说，也不一定不能在市场上立足。

3.3 委托人—代理人模型

委托人和代理人之间的关系是现代经济学研究的重要内容，通常称为"委托人—代理人理论"。委托人—代理人关系的核心内容是两人动态博弈。经济社会中的活动，有大量一方委托另一方完成特定工作的情况。例如，企业雇佣工人进行生产，店主雇佣店员销售商品，企业主聘请经理管理企业，业主请物业公司管理物业，人们聘请律师为他们辩护等。这些关系的关键特征是委托方的利益与被委托方的行为有密切关系，但委托方不能控制被委托方的行为。除了有书面合同、协议或至少有口头委托的明显委托关系以外，还有许多虽然没有明显的委托行为，却也有类似性质的经济社会关系，如市民与市政府官员、基金购买者与基金管理者、人民与军队的关系等就属于这种情况。上述所有关系，在经济学中都称为"委托人—代理人关系"。其中，明显或隐蔽的委托方称为"委托人"，明显或隐蔽的被委托方称为"代理人"。

3.3.1 无不确定性的委托人—代理人模型

无不确定性的委托人—代理人模型是指假设代理人的工作成果没有不确定性，即代理人的产出是努力程度的确定性函数。因此，委托人可以根据成果掌握代理人的工作情况，不存在监督问题。此外，假设委托关系基于一种标准合同，委托人的选择是提供或不提供这份合同，不选择支付给代理人的报酬或报酬函数。

假设甲集团的股东杨女士决定将自己名下现有的基金委托给顾问公司。该公司的员工李顾问业绩高且人际关系好，所以杨女士在想是否委托给李顾问。李顾问尽管业务很忙，但是非常想接下杨女士的委托。因为杨女士的基金很好管理、基金的回报率很高，同时杨女士给的报酬也很丰厚。因此杨女士和李顾问都假设了以下模型。

假设努力的投入产出函数为 $R(e) = 15e - 2e^2$，代理人努力即努力水平为 3 单位，偷懒即努力水平为 1 单位，而且努力和偷懒的负效用等于努力水平数值，也就是 $E = 3, S = 1$。因此，杨女士不委托给李顾问时的得益 $R(0) = 0$，李顾问努力时的较高产出 $R(E) = 27$，李顾问偷懒时的较低产出 $R(S) = 13$。再假设李顾问努力时杨女士支付给他的 $W(E) = 7$，李顾问偷懒时杨女士支付给他的 $W(S) = 3$。无不确定性的委托人—代理人模型如图 3.5 所示。

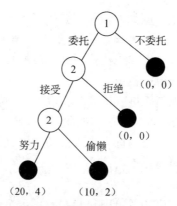

图 3.5 无不确定性的委托人—代理人模型

因为李顾问努力时得到的较高报酬 $W(E) - E = 4 > 0$，李顾问偷懒时得到的较低报酬 $W(S) - S = 2$，满足促使代理人努力的激励相容约束，$W(E) - E = 4 > 0$ 满足代理人接受委托的参与约束，李顾问努力时杨女士的得益 $R(E) - W(E) = 20 > R(0) = 0$，满足委托人提出委托的条件。因此，杨女士应该选择委托，而李顾问接受委托并努力工作得到高报酬。

3.3.2 有不确定性但可监督的委托人—代理人模型

下面讨论代理人的努力成果有不确定性，但委托人对代理人有完全监督的委托人—代理人模型。由于代理人的努力和成果之间不再完全一致，因此有根据工作情况还是成果支付报酬的选择问题。在委托人可以完全监督代理人工作的情况下，通常是根据代理人的工作情况而不是工作成果支付报酬，这意味着产出不确定性的风险完全由委托人承担，理由是风险主要来源于环境或随机因素，与代理人的行为无关。

此博弈过程仍包括委托人和代理人，但新增一个博弈方 N 代表自然，表示不确定因素对效益进行影响。假设代理人努力付出的成本为 e，得益为 $W(e)$；不努力付出的成本为 s，得益为 $W(s)$。当委托方选择不委托时，得益 $R(0) = 0$。高产出时，委托人的得益为 R_1，低产出时，委托人的得益为 R_2。

三个博弈方的策略包括：$S_{委托人} = \{委托，不委托\}$，$S_{代理人} = \{努力，不努力\}$，$S_{自然} = \{高产出，低产出\}$，该博弈过程用扩展形表示如图 3.6 所示。

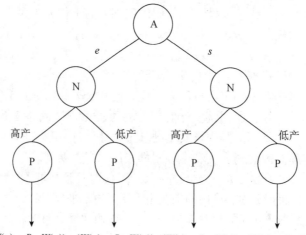

图 3.6 有不确定性但可监督的委托人—代理人模型

在这种情况下的委托人—代理人模型，需要代理人在自己选择努力或者不努力且受自然因素的影响下带来不同的产出或效益，进而由委托人根据不同情况向其支付薪酬。

委托人希望代理人可以努力经营，则要满足条件 $W(e) - e > W(s) - s$，即 $W(e) - W(s) > e - s$，对于该模型来说，其子博弈完美纳什均衡就是代理人选择努力工作，委托人选择付其努力的薪酬，即 $S = (e, W(e))$。

假设在代理人努力的情况下，高产出概率为 p，低产出概率为 $1 - p$，不努力的情况下，高产出概率为 q，低产出概率为 $1 - q$。结合现实情况，可以知道 $p > 1 - p$，$q < 1 - q$。

因为其均衡为 $S = (e, W(e))$，可以得到其得益：

$$u = (W(e) - e, R_1 \times p + R_2 \times (1 - p) - W(e))$$

经典案例

案例一：

上司与下属间博弈分析

在生活中，经常会存在不确定性但可监督的委托人—代理人博弈，其中比较典型的例子是上司与下属之间的关系。

上司与下属之间的关系可以看作一种委托人—代理人关系，上司是委托人，下属是代理人。上司交代给下属一定任务或目标，下属需要做到让上司满意的程度，以完成这个任务或目标。但是由于信息不对称、行动成本等因素，下属的行动表现可能与上司的要求并不完全匹配。比如下属可能会倾向于完成任务的最低标准，而不是追求完美的完成度。上司可能会观察到下属的工作表现，以此作为衡量下属行动是否符合其期望的标准。在这种情况下，委托人和代理人之间的博弈就出现了不确定性，但博弈双方通过信息反馈和行为监督等手段可以保证博弈的可监督性。

解决不确定性但还可以监督的委托人—代理人博弈的方法包括提高代理人的监管成本，惩罚代理人不良行为的代价增加，等等。比如上司可以通过不断地检查下属的工作状况，并要求下属提交报告、汇报进度，来保证对下属的监督和管理。

因此，上司与下属之间的关系是一个典型的不确定性但可监督的委托人—代理人博弈。通过有效的监督和管理，上司可以更好地控制下属的行动，保证其工作的效率和品质。

案例二：

经理与委托人间的博弈分析

具体来说，例如公司委托一位经理负责一个新产品的开发和推广。在这种情况下，公司作为委托人，希望经理作为代理人能够成功地推出产品并实现销售目标。然而，由于新产品的市场潜力和顾客需求等因素的不确定性，委托人和代理人之间存在一定的博弈和冲突。

首先，委托人希望经理能够在开发过程中合理利用资源，并及时按照公司的要求完成产品开发。然而，由于市场需求和竞争环境的不确定性，经理可能面临一些困难和挑战，例如技术难题、供应链延迟或人员问题。这可能导致委托人与经理之间的冲突和博弈，因为委托人希望在限定时间内获得一个满意的产品。

其次，委托人和经理之间还存在信息不对称的问题。委托人对市场、顾客需求和竞争对手的信息掌握通常比经理更完整，而经理则可能掌握有关产品开发过程和技术细节等更详细的信息。这种信息不对称可能导致委托人无法完全了解经理的决策和行为，并且很难真实评估经理的工作绩效。因此，委托人需要采取适当的监督和沟通机制来确保经理的工作与公司目标保持一致。

再次，经理作为代理人可能面临道德风险。他们可能受到个人利益驱动，例如追求个人荣誉、奖金或晋升机会，而忽视了公司的利益。这可能导致一些不道德的行为，例如隐瞒产品缺陷、不真实地报告销售数据或制定错误的市场策略。对于委托人来说，遏制道德风险是一个重要的挑战，需要建立一套合理的激励机制和监督措施，以确保经理忠诚于公司的利益。

为了解决这些问题，委托人可以采取一些措施来监督和引导经理的行为，例如设定清晰的目标和期望、确保信息的透明和分享、建立有效的沟通渠道、与经理进行定期的绩效评估等。委托人和经理之间的博弈虽然存在不确定性，但通过适当的监督和管理，双方可以更好地应对挑战，并实现共同的利益。

3.3.3 有不确定性且不可监督的委托人—代理人模型

下面讨论虽然代理人的努力成果有不确定性，但委托人对代理人不可监督的委托人—代理人模型。由于代理人的努力和成果之间不再完全一致，因此有根据工作情况还是成果支付报酬的选择问题。在委托人可以完全监督代理人工作的情况下，通常是根据代理人的工作情况，而不是工作成果支付报酬。这意味着产出不确定性的风险完全由委托人承担，理由是风险主要来源于环境或随机因素，与代理人的行为无关。

由于存在信息不对称和不确定性，委托人无法完全监督代理人的行为，这就是有不确定性且不可监督的委托人—代理人问题，即在经济活动中一方委托另一方工作，委托方的利益关系与被委托方的行为紧密联系，但是委托方由于不能控制或者监督被委托方的行为，只能借助报酬来间接激励影响被委托方的行为。

在现实中，企业的股东很难做到对经理及其他职员的全面监督，也不会很清楚员工是否勤劳工作，更多时候是按照员工做出的绩效进行薪酬的发放，也就是高产出就给予高薪酬，低产出的话无论员工是否努力工作也都会给予低薪酬。这种情况在现实中也会更加普遍，因此进一步分析。

这一模型的特点是代理人通过努力所带来的成功具有不确定性，可能会因为市场变化、经济、政策等方面的原因，即便努力工作也可能会造成低产出，但代理人努力工作的话更可能带来高产出；委托人也由于信息不对称等原因无法实现对代理人的全方面监督，进而也无法确定代理人是否努力工作；委托人更多的是根据代理人给自己带来的利益多少，来确定给予代理人的薪酬。

在有不确定性且不可监督的委托人—代理人模型中，同样有三个博弈方——委托人、代理人、自然（N），决策分别为 $S_{委托人} = \{委托，不委托\}$，$S_{代理人} = \{努力，不努力\}$，$S_{自然} = \{高产出，低产出\}$，假设代理人选择努力工作，经自然（N）的决策，实现高产出的概率为 p，实现低产出的概率为 $1-p$；代理人选择不努力工作，经自然（N）的决策，实现高产出的概率为 q，实现低产出的概率为 $1-q$，一般情况下 $1 > p > q > 0$。博弈阶段分为三个阶段，其扩展形可以用图 3.7 表示。其中，$W_{高}$ 为高产出时代理人的得益，$W_{低}$ 为低产出时代理人的得益。

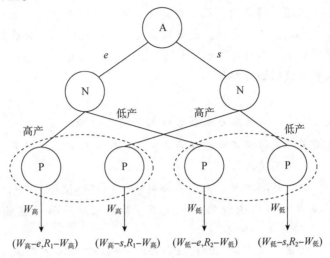

图 3.7 有不确定性且不可监督的委托人—代理人模型

计算代理人的期望得益。
努力工作的期望得益 1：
$$\mathrm{Eu}_A^e = p \times (W_{高} - e) + (1-p)(W_{低} - e)$$
不努力工作的期望得益 2：
$$\mathrm{Eu}_A^s = q \times (W_{高} - s) + (1-q)(W_{低} - s)$$
委托人希望代理人可以努力工作，因此需要满足期望得益 1 大于期望得益 2，可以求得：
$$W_{高} - W_{低} > \frac{e-s}{p-q}$$

此情况下的纳什均衡策略为代理方认真工作，委托方根据产出高低给予代理方 $W_{高}$ 或 $W_{低}$，此时对于代理人而言，其得益为 Eu_A^e。

此外，由于信息差异，委托人委托给代理人可能要承受一定的道德风险，因为委托人在了解不全面的情况下，看到高产出给予代理人高薪酬，表面上看起来一切经营良好，但内部可能已经带来严重亏损，进而给委托人带来更大的损失。

经典案例

案例一：

医患关系间的博弈分析

在医疗领域中，患者通常委托医生来提供最佳的医疗护理和决策。然而，医生和患者之间存在着不确定性和信息不对称。患者通常无法完全了解医学知识和诊断方法，而医生则无法完全了解患者的病史、症状和生活方式。

在这种情况下，患者作为委托人面临着不确定性，因为他们无法完全了解医生的专业知识和决策。而医生作为代理人也面临着不确定性，因为他们无法完全了解患者的健康状况和需求。这种不确定性和信息不对称可能导致医疗决策的错误或不完全满足患者的需求。

在这个委托人—代理人博弈中，医生需要努力提供准确的诊断和治疗决策，以满足患者的需求并最大限度地减少不确定性。患者则需要尽可能提供准确的病史和症状信息，以帮助医生做出正确的决策。这种博弈的目标是通过信任、沟通和信息共享来最大限度地减少不确定性，并实现最佳的医疗结果。

案例二：

股东与高层管理间的博弈分析

另一个典型的有不确定性且不可监督的委托人—代理人博弈的例子是一个公司的股东与公司的高级管理层之间的博弈。

在这个例子中，股东是委托人，他们将公司的管理权委托给高级管理层作为代理人。然而，由于公司的业绩与市场条件的不确定性，股东无法准确地监督和评估代理人的绩效。

高级管理层作为代理人，有自己的利益和目标，包括追求个人的权力和利益。在没有监督的情况下，他们可能会采取一些不利于股东利益的决策，例如以牺牲公司长期利益为代价来追求短期利润。

这种不确定性和不可监督性的委托人—代理人博弈使股东难以完全掌控并影响高级管理层的行为。他们只能通过一些手段来试图影响代理人的决策，例如通过制定激励机制、建立监督机构等。

这个例子展示了在一些特定的情境下，委托人无法完全掌控代理人的行为，而且由于不确定性的存在，他们也无法准确地评估代理人的绩效。因此，这种不确定性且不可监督的委托人—代理人博弈可能会导致代理人行为的道德风险和潜在的代理冲突。

3.4 斯塔克尔伯格模型

3.4.1 模型假设

斯塔克尔伯格模型的假设为：
(1) 寡头市场两个厂商进行产量竞争。
(2) 两个厂商弱肉强食，选择有先后顺序，较强一方先选择产量，较弱一方后选择产量。
(3) 后选择厂商知道前者的选择。

3.4.2 方法和均衡

(1) 方法：逆推归纳法。
(2) 均衡：假设两寡头市场下价格是根据两个市场的产量所决定，当两个寡头市场产量较少时物以稀为贵，价格就会高；当两个寡头市场产量较多时，供大于求，价格就会低。因此假设两个寡头市场产量相同，此时但凡有一个市场产量增加或减少，利润就会增加，因为当下市场产量决策并不稳定。因此两个厂商根据产量进行博弈，运用逆推归纳法，假定厂商1先选择一个产量，厂商2会根据厂商1制定一个利益最大化产量，然后厂商1根据厂商2规划出最大利益下的最大产量。任何一方产量增加或减少都会降低利益，从而达到产量均衡。

3.4.3 推导分析

假设寡头市场厂商1和厂商2的产量分别为(q_1, q_2)，价格函数为$P = P(Q) = a - Q = a - (q_1 + q_2)$，$a$为常数，两个厂商的边际生产成本为$c_1 = c_2 = 2$，且没有固定成本。则厂商1和厂商2的得益函数分别为：

$$\begin{cases} u_1 = u_1(q_1, q_2) = q_1 P(Q) - c_1 q_1 = (a-2)q_1 - q_1 q_2 - q_1^2 \\ u_2 = u_2(q_1, q_2) = q_2 P(Q) - c_2 q_2 = (a-2)q_2 - q_1 q_2 - q_2^2 \end{cases}$$

得益函数在偏导为0时有最大值：

$$\begin{cases} u_2' = (a-2) - q_1 - 2q_2 = 0 \\ q_2 = \dfrac{(a-2) - q_1}{2} \end{cases}$$

此时，厂商2产量为$\dfrac{(a-2) - q_1}{2}$时，利益达到最大化。

厂商1预判厂商2的决策产量，厂商1的得益函数为：

$$u_1(q_1) = \frac{(a-2)}{2} q_1 - \frac{1}{2} q_1^2$$

得益函数在偏导为0时有最大值：

$$\begin{cases} u_1' = \dfrac{a-2}{2} - q_1 = 0 \\ q_1 = \dfrac{a-2}{2} \end{cases}$$

此时得出两厂商完美纳什均衡。

3.4.4 案例一：双寡头市场

设某寡头行业只有两个厂商，他们通过选择产出水平来相互竞争，价格函数为：

$$P(Q) = 60 - Q$$

厂商1和厂商2总成本函数：

$$TC_1(q_1) = q_1^2, \quad TC_2(q_2) = 15q_2 + q_2^2$$

其中，Q表示总产量，q_1，q_2表示厂商1和厂商2的产量，$Q = q_1 + q_2$。

（1）试求厂商1和厂商2实现古诺—纳什均衡时的产出（厂商均视对方产量为给定）。

（2）如果厂商1成为领导者，可以先选择自己的产出水平，厂商2为追随者。按照斯塔克尔伯格（产量领导）模型，厂商1和厂商2利润最大化的产出水平分别是多少？

解答：

（1）根据已知条件，可得厂商1的得益函数为：

$$\pi_1 = TR_1 - TC_1 = (60-Q)q_1 - q_1^2 = [60-(q_1+q_2)]q_1 - q_1^2 = 60q_1 - q_1q_2 - 2q_1^2$$

当函数在偏导为 0 时，利润达到最大值，此时厂商 1 的反应函数为：

$$\begin{cases} 60 - q_2 - 4q_1 = 0 \\ q_1 = 15 - 0.25q_2 \end{cases}$$

厂商 2 的得益函数为：

$$\pi_2 = TR_2 - TC_2 = (60-Q)q_2 - (15q_2 + q_2^2)$$
$$= [60-(q_1+q_2)]q_2 - (15q_2 + q_2^2) = 45q_2 - q_1q_2 - 2q_2^2$$

当函数在偏导为 0 时，利润达到最大值，此时厂商 2 的反应函数为：

$$\begin{cases} 45 - q_1 - 4q_2 = 0 \\ q_2 = 11.25 - 0.25q_1 \end{cases}$$

厂商 1 和厂商 2 的反应函数联立方程组：

$$\begin{cases} q_1 = 15 - 0.25q_2 \\ q_2 = 11.25 - 0.25q_1 \end{cases}$$

解得：

$$\begin{cases} q_1^* = 13 \\ q_2^* = 8 \end{cases}$$

$$\begin{cases} \pi_1 = 338 \\ \pi_2 = 128 \end{cases}$$

因此，厂商 1 和厂商 2 在实现古诺—纳什均衡时的最佳产量分别是 13 和 8，此时，市场价格为 $P(Q) = 39$，厂商利润分别是 338 和 128，两厂商总利润为 466。

（2）厂商 1 行动在前，厂商 2 行动在后。

根据假设，得出两个厂商的得益函数分别为：

$$\begin{cases} \pi_1 = 60q_1 - q_1q_2 - 2q_1^2 \\ \pi_2 = 45q_2 - q_1q_2 - 2q_2^2 \end{cases}$$

根据逆推归纳法求子博弈完美均衡。此时厂商 1 的产量已经决定且厂商 2 知道，因此先分析第二阶段厂商 2 的决策。

当得益函数在偏导数为 0 时，对于厂商 2 来说在给定 q_1 情况下利益最大且求得 q_2^*：

$$\begin{cases} 45 - q_1 - 4q_2 = 0 \\ q_2^* = 11.25 - 0.25q_1 \end{cases}$$

将厂商 2 的 q_2^* 反应函数代入厂商 1 的得益函数，即得到厂商 1 关于 q_1 的函数：

$$\pi_1(q_1, q_2^*) = 60q_1 - q_1q_2^* - 2q_1^2$$
$$= 60q_1 - q_1(11.25 - 0.25q_1) - 2q_1^2$$
$$= 48.75q_1 - 1.75q_1^2$$

当得益函数在偏导数为 0 时，对于厂商 1 来说利益最大，且求得 q_1^*：

$$\begin{cases} 48.75 - 3.5q_1 = 0 \\ q_1^* = 13.9 \end{cases}$$

即厂商1的最佳产量为13.9，代入 $q_2^* = 11.25 - 0.25q_1$，可得厂商2的最佳产量为：
$$q_2^* = 7.8$$

因此，厂商1和厂商2在实现斯塔克尔伯格动态产量博弈的子博弈完美纳什均衡时的最佳产量分别是13.9和7.8。此时，市场价格为 $P(Q) = 38.3$，双方的得益利润分别为339.16和120.9，两厂商总利润为460.06。

不难发现，斯塔克尔伯格动态博弈与同时选择产量的古诺模型相比较，斯塔克尔伯格模型的产量大于古诺模型，价格低于古诺模型，两厂商得益之和（总利润）小于古诺模型，厂商1的得益大于古诺模型两厂商的得益。但是在斯塔克尔伯格动态博弈中，由于两厂商之间地位的不对称性影响，可以看出，先行动的厂商产量高于古诺模型均衡水平，而后行动的厂商产量低于古诺模型均衡水平。

3.4.5 案例二：三寡头市场

假设三寡头市场有价格函数 $P = 180 - Q$，其中 Q 是三个厂商的产量之和，并且三个厂商都有常数边际成本10而无固定成本。如果厂商1和厂商2先同时决定产量，厂商3根据厂商1和厂商2的产量决策，求它们的子博弈完美纳什均衡产量和相应的利润。

解答：
(1) 三个厂商的得益函数分别为：
$$\begin{cases} \pi_1 = (180 - q_1 - q_2 - q_3)q_1 - 10q_1 \\ \pi_2 = (180 - q_1 - q_2 - q_3)q_2 - 10q_2 \\ \pi_3 = (180 - q_1 - q_2 - q_3)q_3 - 10q_3 \end{cases}$$

(2) 根据逆推归纳法，先对厂商3进行分析，当函数在偏导为0时，利润达到最大值，此时厂商3的反应函数以及最佳产量为：
$$\begin{cases} \pi_3' = 180 - q_1 - q_2 - 2q_3 - 10 = 0 \\ q_3^* = \dfrac{170 - q_1 - q_2}{2} \end{cases}$$

(3) 对厂商1和厂商2的静态博弈进行分析，厂商1和厂商2推断出厂商3的决策，那么将厂商3的最佳产量代入厂商1和厂商2的得益函数中，从而求其在厂商3既定产量下的最大利润：
$$\begin{cases} \pi_1 = q_1 \left(\dfrac{170 - q_1 - q_2}{2} \right) \\ \pi_2 = q_2 \left(\dfrac{170 - q_1 - q_2}{2} \right) \end{cases}$$

当厂商1和厂商2的得益函数在偏导为0时，利润达到最大值，此时厂商1和厂商2的反应函数以及最佳产量为：
$$\begin{cases} \pi_1' = \dfrac{170 - q_2}{2} - q_1 = 0 \\ \pi_2' = \dfrac{170 - q_1}{2} - q_2 = 0 \end{cases} \begin{cases} q_1 = \dfrac{170 - q_2}{2} \\ q_2 = \dfrac{170 - q_1}{2} \end{cases}$$

联立解得：$q_1^* = q_2^* = \frac{170}{3}$，将厂商 1 和厂商 2 的最佳产量代入厂商 3 的产量函数 $q_3^* = \frac{170 - q_1 - q_2}{2}$ 得 $q_3^* = \frac{85}{3}$，最终代入求得三个厂商的利润为：

$$\begin{cases} \pi_1 = \frac{14\ 450}{9} \\ \pi_2 = \frac{14\ 450}{9} \\ \pi_3 = \frac{7\ 225}{9} \end{cases}$$

因此，本博弈中三寡头厂商的子博弈完美纳什均衡的产量分别为：$q_1^* = q_2^* = \frac{170}{3}$，$q_3^* = \frac{85}{3}$，相对应的利润为：$\pi_1 = \pi_2 = \frac{14\ 450}{9}$，$\pi_3 = \frac{7\ 225}{9}$。

3.5 议价博弈模型

3.5.1 三回合议价博弈

三回合议价博弈的假设为：甲、乙双方分别为买方和卖方，就一个项目成果报价进行谈判。制定如下规则：首先由买方出价，根据对此项目价值的估计提出分配方案，看卖方是否接受，若卖方接受则博弈结束，若卖方拒绝则进行第二回合博弈；再由卖方还价，根据项目的成本、市场行情等情况提出分配方案，看买方是否接受，若买方接受，第二回合博弈结束，若买方拒绝，则进行第三回合博弈；由买方提出分配方案，此时，卖方必须选择接受。在上述往复博弈的过程中，一旦有一方选择接受则博弈就此结束，但是若一方拒绝另一方的决策提议，则此方案就此作废，由另一方再开始提出新方案。再假设此博弈过程以一方进行决策提议，另一方选择是否接受此方案为一个完整回合，并且此博弈过程最多只能进行三个回合。除此之外，每多进行一回合讨价还价，就会伴随谈判费用或利息的损失，双方的利益都会打一次折扣 $\delta(0 < \delta < 1,\ \delta$ 为消耗系数$)$。

例如：假设 A、B 两人分一个蛋糕。A、B 轮流提出方案，若 A 先提出分配方案，B 可以选择是否接受；若 B 拒绝，则由 B 继续进行分配任务，但此时，蛋糕已经随着时间的推移融化至只剩 1/2 了。对于 B 的分配方案，A 也可以选择是否接受，若拒绝则蛋糕全部融化，双方最终得分为 0，求该博弈的子博弈完美纳什均衡。

首先，第一回合 A 提方案自己得 S_1，B 则分得 $1 - S_1$，B 接受，则 A 和 B 各分得 S_1 和 $1 - S_1$，B 拒绝则进入第二回合。第二回合 B 提方案，A 分得 S_2，则 B 分得 $1 - S_2$，A 接受，则 A 和 B 各分得 δS_2 和 $\delta(1 - S_2)$，A 拒绝则进入第三回合。第三回合由 A 提方案自己分得 S，则 B 分得 $(1 - S)$，B 只能接受，则 A 和 B 各分得 $\delta^2 S$ 和 $\delta^2(1 - S)$（通过文中分析可得 $\delta = 0.5$）。

其次，根据逆推归纳法，先分析博弈的第三回合。在第三回合，由于蛋糕易融化的特点，随着博弈时间加长，蛋糕也随之融化殆尽。此时 A 和 B 分得的蛋糕数量都为 0，即 $\delta^2 S = \delta^2(1-S) = 0$。接着回到第二回合 B 的选择。B 知道一旦进行到第三回合，自己没有选择的权利，因此 B 最好的策略就是在第二回合提出的方案让 A 分得的蛋糕不少于第三回合，从而 A 愿意接受，同时 B 也能得到比进入第三回合尽可能大的得益。这意味着，$\delta S_2 = \delta^2 S = 0$，即 $S_2 = \delta S = 0$，此时，A 和 B 各分得 δS 和 $\delta - \delta^2 S$，则 A 和 B 各分得(0, 0.5)。最后回到第一回合。A 知道 B 将在第二回合提出 $S_2 = \delta S = 0$，因此进入第二回合自己分得的蛋糕也是 0，B 则会满足于分得 0.5。因此 A 最好的策略就是在第一回合提出的方案让 B 分得的蛋糕不少于第二回合，从而 B 愿意接受，同时 A 可以获得比 S_2 更多的蛋糕。这意味着，$1 - S_1 = \delta - \delta^2 S = 0.5$，则 A 和 B 各分得(0.5, 0.5)。此时，该博弈实现子博弈完美纳什均衡。

3.5.2 无限回合议价博弈

无限回合议价博弈是指参与人在多个回合中通过谈判或协商来达成共识，以实现利益最大化的过程。在无限回合议价博弈中，每个参与人都有机会表达自己的需求和立场，并通过相互之间的沟通和妥协来达成最终的协议。除此之外，每个参与人都有自己的策略和目标。一些参与人可能希望通过谈判来获得更多的利益，而另一些参与人则可能更注重维护与其他参与人的合作关系。因此，在无限回合议价博弈中，每个参与人都需要根据其他参与人的策略和目标来调整自己的策略，以达到最终的利益最大化。无限回合议价博弈在实际应用中可以用于许多场景，例如劳资谈判、国际贸易协议等。

假设一个音乐制作人拥有一首热门歌曲的版权，电影制片厂希望获得此歌曲的授权，用于电影配乐。音乐制作人和电影制片厂之间就此歌曲版权问题可能会进行多次谈判博弈，双方有足够的动力去寻求最佳的协议，而不会仅仅为了结束谈判而接受不利的条件。因此，每一轮谈判都会涉及不同的报价和反报价，直到确定合适的授权费用和授权条款，从而双方达成最满意的合作协议，也就是此博弈的子博弈完美纳什均衡。

3.6 颤抖手均衡

颤抖手均衡描述了一种市场均衡状态，其中每个参与人都可能犯错误或面临不确定性，但通过不断调整自己的策略，最终会达到一种均衡状态。在颤抖手均衡中，每个参与人都意识到自己可能会犯错误或面临不确定性，因此他们会不断地重新评估自己的策略，并根据其他参与人的行为来调整自己的决策。这种均衡的概念强调了参与人的有限理性和错误的不确定性对市场结果的影响。

颤抖手均衡的存在条件：首先是纳什均衡，其次不能包括任何弱劣策略(博弈方偏离了不会造成损失)，对于概率较小的偶然偏差来说具有稳定性。

经典案例

求颤抖手均衡的双人博弈

假设博弈方 1 和 2，表 3.2 是双方博弈的得益矩阵(第一个数表示博弈方 1 的得益，第二个数表示博弈方 2 的得益),求双方博弈的颤抖手均衡。

表 3.2 博弈得益矩阵

		博弈方 2		
		A	B	C
博弈方 1	A	(2, 2)	(3, 0)	(1, 1)
	B	(1, 0)	(3, 3)	(1, 1)
	C	(0, 0)	(2, 1)	(1, 1)

首先通过划线法分析,表 3.3 所示。

表 3.3 通过划线法分析

		博弈方 2		
		A	B	C
博弈方 1	A	(<u>2</u>, <u>2</u>)	(<u>3</u>, 0)	(<u>1</u>, 1)
	B	(1, 0)	(<u>3</u>, <u>3</u>)	(<u>1</u>, 1)
	C	(0, 0)	(2, <u>1</u>)	(<u>1</u>, <u>1</u>)

不难发现这个博弈共有 (A, A)、(B, B) 和 (C, C) 三个纯策略纳什均衡。其中帕累托最优的是 (B, B),而且它也是不严格的上策均衡。完全理性博弈分析的通常结论是两个博弈方都会选择 B,各得 3 单位利益。

其次,分析"颤抖的手"可能性。我们要考虑到博弈方会出现犯错误的可能性,并且博弈双方也会互相猜忌是否出现这种情况。例如博弈方 1 考虑到博弈方 2 有犯错误的可能,即采用 A 或 C 而不是 B 的可能性,此时博弈方 1 就不一定会继续坚持采用 B,因为这时博弈方 1 的最佳选择是 A;即使博弈方 2 采用 B,博弈方 1 采用 A 也并没有任何损失;如果博弈方 2 采用的是 A,博弈方 1 采用 A 也仍然没有损失,会满足自身利益最大化;如果博弈方 2 采用的是 C,博弈方 1 采用 A 和 B 没有任何区别。因此在这个博弈中,无论对于博弈方 1 还是博弈方 2 来说,即使不担心对方会由于理性的局限而犯错误,也会担心对方是否会猜忌自己犯错误,因此,只要博弈方 1 意识到博弈方 2 哪怕只有很小的概率采用 A,就会倾向于采用 A 而不是 B。由于双方的情况是相同的,因此考虑到上述情况,该博弈的结果更可能是 (A, A) 而不是 (B, B)。上述在考虑到博弈方的理性局限和犯错误可能性的情况下,具有稳定性的纳什均衡 (A, A),则为本题的"颤抖手均衡"。

3.7 蜈蚣博弈

蜈蚣博弈是一个动态博弈过程,展示了逆推归纳法和子博弈完美纳什均衡分析的弱点。因为蜈蚣博弈可能存在多个可能回合,也可能第一回合就博弈结束,而子博弈完美纳什均衡依赖共同理性的信念,这在具有多个可能回合的博弈中很难实现;而逆推归纳法是在确定有多少个回合以及所有可能得益的前提下,从最后一个回合向前推至第一回合。

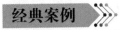

蜈蚣博弈的双人博弈

A、B两人进行博弈，选择是否继续合作，如果两人选择合作，双方的总得益将会增加1，但选择合作的一方得益将会减少1，另一方得益增加2，假设持续10轮博弈结束，蜈蚣博弈模型展开式如图3.8所示。

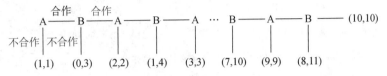

图3.8 蜈蚣博弈模型展开式

假设A、B双方都是理性人，根据逆推归纳法进行分析可得，博弈方B在最后一阶段的最佳选择显然是不合作，此时博弈方A和博弈方B得益各为8和11；逆推至倒数第二阶段，博弈方A的最佳选择也为不合作，此时，双方得益各为9；再逆推至倒数第三阶段，博弈方B的最佳选择仍然是不合作；依次类推，博弈方A在第一阶段就会选择不合作，就此博弈结束，双方得益各为1。这就是此博弈的子博弈完美纳什均衡。

然而，这个推理是假设A、B双方都是完美理性人，但是在现实生活中，人不会是全理性的，也不会是全感性的。在博弈刚开始进行时，双方的得益都是比较低的，往往容易选择合作。因此，对A来说，在博弈的初期阶段会进行合作试探，选择将主动权交到B手里，让博弈继续延续下去。

如果博弈方B理解并接受了博弈方A的这种合作试探，就会选择让博弈继续延续下去。而当进行到一定程度时，双方的得益都累积到较高时，就容易产生背叛。这大概就是"同患难易，共富贵难"的原因，比如很多创业公司，在创业初期都能够精诚合作，齐心协力，但是等到事业成功时，往往会反目成仇。

如果把双方整体的利益比作集体，也可以理解成个人利益与集体利益的平衡。在蜈蚣博弈中，为了使博弈继续下去，参与人双方至少应该有一个人"装傻"，让对方认为自己一定会继续合作下去，这样对方就会觉得继续合作下去对自己更有利，而不是选择不合作来终止博弈。聪明的人会在博弈中让对方觉得自己会以德报德，以牙还牙，这在大国博弈中也有体现，在国际贸易中，让对方相信自己会遵守信用很重要，这就是一个国家之所以看重国际上国家信誉的原因，与诚实守信、说到做到的国家合作，这样双方都能做大做强，实现双赢，而和一个信誉破产的国家往来则要时刻担心对方的背叛。

思考题

1. 解释子博弈完美纳什均衡。

2. 假设A、B两个公司计划合作一个项目，A公司面临两种选择：投资或者不投资，如果A公司投资50万元并且B公司愿意选择加入，则双方达成合作，预计此项目双方各可获得100万元得益，如果B公司爽约，没有加入则A公司会因为错失项目竞标机会，使投资付诸东流。请用扩展形表示此博弈过程并论述此博弈的子博弈完美纳什均衡。

3. 假设好友两人甲、乙，拥有一个装有2元的存钱罐，从甲开始做选择，可以选择拿走存钱罐里的2元(即选B)结束游戏,或者向里面放2元(即选A)继续游戏,游戏一直持续到存钱罐里有200元,试从蜈蚣博弈的角度简答此博弈过程,分析该博弈的完美纳什均衡。蜈蚣博弈模型展开式如图3.9所示,所有得益数组第一个数字是博弈方甲的得益,第二个数字是博弈方乙的得益。

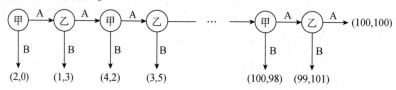

图3.9 蜈蚣博弈模型展开式

4. 三寡头垄断市场的价格函数为 $P(Q) = 20 - Q$,其中 $Q = q_1 + q_2 + q_3$,q_i 是厂商 i 的产量。每一个厂商生产的边际成本为常数 $c=2$,没有固定成本。如果厂商1先选择 q_1,厂商2和厂商3观察到 q_1 后同时选择 q_2 和 q_3,它们子博弈完美纳什均衡的产量和相应的利润是多少?

参考答案

1. 答:在一个完美信息的动态博弈中,如果各博弈方的策略构成的一个策略组合满足在整个动态博弈以及它的所有子博弈中都构成纳什均衡,那么这个策略组合称为该动态博弈的一个"子博弈完美纳什均衡"。在寻找子博弈完美纳什均衡时,通常采用逆推归纳法,即从游戏的最后一个决策点开始,逐步向前推算,确定每个决策点上的最佳响应策略,直到覆盖整个游戏。这样得到的策略组合在每个子博弈中都是均衡的,因此是子博弈完美纳什均衡。

2. 答:首先我们可以将该博弈分为两阶段的动态博弈:第一阶段由 A 公司选择是否投资。第二阶段若 A 公司选择投资,B 公司考虑是否加入此项目合作。如果 A 公司选择不投资,则此项目无法成功合作,在这种情况下双方的得益各为0。如果 A 公司选择投资,B 公司在考虑 A 公司的决策后,选择加入,则双方各获得100万元得益;B 公司选择不加入,则 B 公司不受影响,得益为0,A 公司将损失投资成本50万元。其扩展形如图3.10所示。

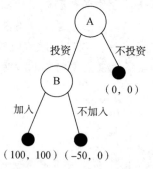

图3.10 2题扩展形

根据逆推归纳法,可以解得该博弈的子博弈完美纳什均衡为(投资,加入),即第一阶段 A 公司选择投资,第二阶段 B 公司选择加入。

3. 答:假设甲、乙双方都是理性人,根据逆推归纳法进行分析可得,博弈方乙在最后一阶段的最佳选择显然是 B，此时博弈方甲和博弈方乙得益各为 99 和 101；逆推至倒数第二阶段，博弈方甲的最佳选择也为 B，此时，双方得益各为 100 和 98；再逆推至倒数第三阶段，博弈方乙的最佳选择仍然是 B；依次类推，博弈方甲在第一阶段就会选择 B，就此博弈结束，双方得益各为 2 和 0，存钱罐由始至终为 2 元。这就是此博弈的子博弈完美纳什均衡。

4. 解：三个厂商的利润函数为：

$$\pi_1 = (20 - q_1 - q_2 - q_3)q_1 - 2q_1,$$
$$\pi_2 = (20 - q_1 - q_2 - q_3)q_2 - 2q_2,$$
$$\pi_3 = (20 - q_1 - q_2 - q_3)q_3 - 2q_3$$

首先分析第二阶段厂商 2 和厂商 3 的决策，令它们的利润对各自产量的偏导数为 0 得：

$$\pi_2' = (20 - q_1 - q_3) - 2q_2 - 2 = 0, \ \pi_3' = (20 - q_1 - q_2) - 2q_3 - 2 = 0$$

联立解得厂商 2 和厂商 3 对厂商 1 产量的反应函数为：

$$q_2 = \frac{18 - q_1}{3}, \ q_3 = \frac{18 - q_1}{3}$$

其次分析第一阶段厂商 1 的决策，先把上述两个厂商的反应函数代入厂商 1 的利润函数得：

$$\pi_1 = (20 - q_1 - q_2 - q_3)q_1 - 2q_1 = \frac{24 - q_1}{3}q_1 - 2q_1$$

对 q_1 求偏导数得：$\pi_1' = 6 - \frac{2}{3}q_1 = 0$，解得 $q_1 = 9$

代入厂商 2 和厂商 3 的反应函数得：

$$q_2 = \frac{18 - q_1}{3} = 3, \ q_3 = \frac{18 - q_1}{3} = 3$$

$$\pi_1 = 27, \ \pi_2 = \pi_3 = 9$$

因此，本博弈中三个厂商的生产产量分别为 9，3，3，三个厂商各自利润分别为 27，9，9。

第四章　完全但不完美信息动态博弈

4.1　完全但不完美信息动态博弈

4.1.1　基本概念

现实生活中存在诸多决策活动，而各个决策方掌握的有效信息往往不够充分、不够对称，这就使决策或者判断的难度剧增，进而影响决策结果，即博弈结果。例如，网购时消费者缺乏对商品质量优劣的了解、HR 在招聘时无法及时掌握应聘者的真实能力和素质、保险推销人员在推销健康类保险时对投保人的健康情况了解不够充分。

完全信息(Complete Information)：各博弈方对博弈结束时每个博弈方的得益是完全清楚的。

完美信息(Perfect Information)：博弈中后面阶段的博弈方有关于前面阶段博弈进程的充分信息。

完全但不完美信息动态博弈(Dynamic Games Of Complete But Imperfect Information)：是指在博弈的过程中一些参与人并不完全了解博弈的历史。用扩展式博弈描述完全但不完美信息动态博弈时，至少有一个信息集是非单结信息集。在求解完全但不完美信息动态博弈时，需对逆推归纳法进行一般化，即对完全但不完美信息动态博弈的分析不再以决策结为分析单位，而是把最小的子博弈作为分析单位，通过逆向分析，得出子博弈完美纳什均衡。

4.1.2　示例

不完美信息动态博弈的基本特征之一是博弈方之间在信息方面是不对称的，如网购、企业并购、信贷市场交易、二手商品交易市场等。本章将以网购交易为例，对完全但不完美信息动态博弈进行深度阐述和分析。网购过后，常会发觉划算、不划算，捡了大便宜、吃了大亏，在线下实体店购物这种感觉相对较少。原因是网购的性价比问题很大程度上取决于商家对自家产品质量的把控情况，而产品质量的好坏通常卖方清楚，但买方很难了解。

网购交易通常可以抽象成这样的博弈问题：一是卖方(即商家)如何选择合作的厂家，

假设选择合作的厂家产品质量有优、劣两种；二是卖方(即商家)决定是否要出售，卖价可以是只有一种、有高低两种或更多，价格越多问题就越复杂；三是买方(即消费者)决定是否买下，假设买方(即消费者)要么接受卖方(即商家)价格，要么不买，但不能讨价还价。在这个动态博弈中，买方(即消费者)对第一阶段卖方(即商家)的行为不了解，因此买方(即消费者)具有不完美信息。

完全但不完美信息动态博弈在股民购买股票中也较为常见。设许多股民在某证券公司购买股票，在所购股票的企业运营良好的情况下，股民可在收盘时得到得益，或在高于买入价格卖出时得到得益(该证券公司佣金、印花税低于纯利润时)。在所购股票的企业运营不善的情况下，如果所有股民都到收盘时才卖出股票，则大家公摊损失；但如果部分股民提前卖出股票，这部分股民能避免更大的损失，其他收盘卖股的股民要受更大的损失。如果部分股民有内部消息，大概了解企业的经营状况，这部分股民在发现企业有运营不善的迹象时就会闻风而动，做出自身利益最大化的选择。

上述问题可以抽象成这样一个博弈：第一阶段是企业经营情况分为好、差两种；第二阶段是有消息来源的股民选择是否提前卖出股票；第三阶段是没有消息来源的一般股民选择是否提前卖出股票。注意企业对经营情况好、差的选择其实不是完全主动的，只是为了反映其他博弈方的信息不完美性引进的，我们并不关心这个选择本身，也不关心企业的得益。由于整个博弈结束时，各博弈方的得益情况是大家了解的，因此这也是一个完全但不完美信息动态博弈。

通过上述示例，我们可以清楚地意识到，不是所有的博弈方所做的行为都是主动、理性的。结合完全但不完美信息动态博弈的基本概念可知，这种含有不主动做出选择的特殊博弈方，并不是构成该博弈所必须的条件。但是用包含上述类型特殊博弈方的模型来深度剖析学习完全但不完美信息动态博弈，往往更能说明该类博弈的本质问题。

4.1.3 完全但不完美信息动态博弈的表示

本小节主要通过农夫种庄稼问题来讨论完全但不完美信息动态博弈的表示方法，即如何反映动态博弈中博弈方信息不完美的问题。

有一个农夫欲从大棚种植和露天种植两种种植方式中择一进行春种。假设大棚种植成本 10 000 元，露天种植成本 8 000 元。其中大棚种植受天气影响较小，露天种植则受到的影响较大，一旦遇到恶劣天气会损失粮食总产值的 10%。假设该批粮食总产值价值 60 000 元，期间出现恶劣天气的概率为 2/5，问该农夫该选择哪种种植方式？

该博弈中农夫方的决策面临一个不确定因素——实际天气情况，农夫只能掌握出现风调雨顺天气、天旱/多雨天气的概率分布。此时，可引进"博弈方 0"代表随机选择作用的实际天气情况博弈方。显然，博弈方 0 不追求"自身利益"，只根据(3/5, 2/5)的概率分布随机选择风调雨顺的好天气和天旱/多雨的坏天气。该博弈中真正的决策者农夫记为"博弈方 1"，有大棚种植、露天种植两种可选策略。

单人博弈农夫种庄稼问题中，只有农夫一个博弈方，严格来说并不是动态博弈。但由于农夫决策时不知道未来天气的实际情况，大自然选择天气时也不会管农夫的决策，因此可以看作是同时决策的。以农夫的种植方式成本加上损失的负值作为其得益，该博弈可以用表 4.1 所示的种植方式得益矩阵表示。但由于农夫在决策时面临天气条件方面的不确定性，因此我们虚设了选择天气的博弈方 0。农夫决策时无从知晓博弈方 0 的选择，此时这个单人博弈就变成了有两个博弈方的不完美信息动态博弈。该博弈的扩展形如图 4.1 所示。

表 4.1 种植方式得益矩阵

		自然	
		风调雨顺(60%)	天旱/多雨(40%)
农夫	大棚种植	−10 000	−10 000
	露天种植	−8 000	−14 000

在图 4.1 中，第一层的节点是博弈方 0，按一定的概率分布随机选择风调雨顺的好天气、天旱/多雨的坏天气；图中风调雨顺的好天气被选到的概率是 60%、天旱/多雨的坏天气被选到的概率是 40%；下面较大的椭圆形代表博弈方 1(即农夫)的选择信息集，包含分别对应自然两种选择的两个节点，这样的信息集称为"多节点信息集"。两个节点在同一个信息集中表明博弈方 1(即农夫)决策时无从知晓究竟到了哪个节点，无法有针对性地选择。

这种多节点信息集可以推广为表示不完美信息动态博弈的一般方法。以网络购物交易为例，暂时不管买卖双方各种情况下的得益，可用图 4.2 表示这个博弈。

在图 4.2 中，第一层节点表示博弈方 1(即卖方)对产品质量优劣的选择。博弈方 1(即卖方)很清楚自己对产品质量优劣的选择，所以在第二层节点的选择可以是是否出售。若博弈方 1(即卖方)选择"不卖"，则第一层节点无论产品质量优劣，博弈都以双方无损无利的结果结束。若博弈方 1(即卖方)选择"卖"，那么在第三层节点轮到博弈方 2(即买方)进行决策。因为博弈方 2(即买方)无法知道博弈方 1(即卖方)在第一层节点时对产品质量优劣的选择，所以其无从知晓前两层节点的具体路径，博弈方 2(即买方)的这种信息不完美用代表两条路径的两个节点放在同一个信息集中表示。博弈方 2(即买方)有"买""不买"两种选择，故最终可能的结果有四种。

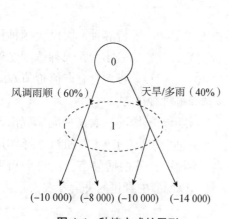

图 4.1 种植方式扩展形

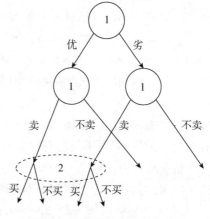

图 4.2 网络购物交易扩展形

假设产品优质对买方值 300 元，产品劣质值 100 元，卖方要价 200 元。再设产品劣质时卖方需花 50 元伪装产品，卖不出去就会白白损失 50 元。用净得益(得益−成本)作为卖方的得益，用消费者剩余(价值-价格)作为买方的得益。该博弈以(卖方得益，买方得益)这种形式的得益数组展示，如图4.3所示。

当博弈方1(即卖方)在第二层节点选择卖，博弈方2(即买方)在第三层节点选择不买时，无论产品质量优劣，买方都是无损无利。但买方在卖方选择卖的前提下选择买既有赚的可能(产品优质)，也有亏的可能(产品劣质)，选择不买不会吃亏，也失去了获利机会，因此没有一个选择绝对比另一个好。要让博弈方2(即买方)下决心决定是否买，就必须进一步掌握有效信息，即判断在博弈方1(即卖方)选卖的情况下产品优质、劣质的概率。

对博弈方1(即卖方)来说，优质产品卖出与否都不影响其利益，卖出时有得益的可能，此时，优质产品卖出要比不卖好。劣质产品卖出时得利，卖不出时亏损，此时，劣质产品卖出要比不卖好。要让博弈方1(即卖方)在后一种情况下决定是否卖也必须有进一步的信息，即形成对博弈方2(即买方)买下概率的判断。

如果双方各自有了需要的信息，形成了相关判断，就能对获利机会、损失风险的大小心中有数，可以根据自身风险偏好进行理性决策。但双方决策需要的信息、判断都与双方的选择有关，因此在两个博弈方的选择、信息和判断之间有复杂的交互决定关系。

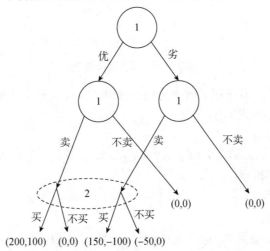

图4.3 网络购物交易(数值例子)

大学生校园贷市场中，借贷平台与借款人之间的博弈属于典型的不完美信息动态博弈。

首先，校园贷市场中的博弈是动态的，借款平台和借款人之间都会根据对方的决策来调整自己的决策。其次，校园贷市场中存在不完美信息，借贷平台与借款人之间存在信息不对称，很多不良借款平台对借款人宣传时的低息与借款人还款时的利息并不相当，很多不正规借贷平台以此将诚信平台驱逐出市场；对借贷平台，只能根据借款人的基本信息和信用记录来判断是否放贷，很多借款人存在不按时还款的情况。

对校园贷市场做博弈分析：如果在借贷平台欺骗借款人时，借款人会对其进行举报，有关部门会对其做出一定惩罚，以减少在其平台贷款的借款人数量；借款人不按时还款，也会将其列为失信人员，降低其贷款额度，对其后续贷款造成不同程度的影响。我们假设当任意博弈方不守信时，其所遭受的惩罚为v，若双方均遵守承诺即平台宣传真实信息，借款人按时还款，则平台与借款人得益分别为P_1，P_2；若有一方不守信，则守信方损失

a,失信方得益 b;若双方均不守信,除接受惩罚 v 以外,双方各自损失 r。此博弈过程如图 4.4 所示。

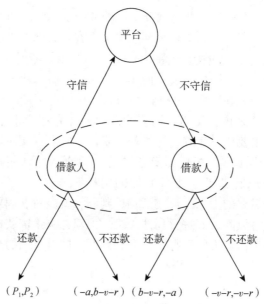

图 4.4 校园贷平台借款

假设借贷平台守信和不守信的概率分别为 α 和 $1-\alpha$,借款人守信和不守信的概率分别为 β 和 $1-\beta$。由此可以算出:

借款人守信期望得益:

$$W_1 = \alpha \times P_2 + (1-\alpha) \times (-a) = \alpha \times (P_2 + a) - a$$

借款人不守信期望得益:

$$W_2 = \alpha \times (b-v-r) + (1-\alpha) \times (-v-r) = \alpha \times b - v - r$$

平台守信期望得益:

$$M_1 = \beta \times P_1 + (1-\beta) \times (-a) = \beta \times (P_1 + a) - a$$

平台不守信期望得益:

$$M_2 = \beta \times (b-v-r) + (1-\beta) \times (-v-r) = \beta \times b - v - r$$

此博弈过程作为不完美信息动态博弈,借款人和借贷平台均不了解对方是否守信,因此只有当守信期望得益大于不守信的期望得益时,双方才能守信。

对借款人,当 $W_1 > W_2$,即 $\alpha \times (P_2+a) - a > \alpha \times b - v - r$,$\alpha < \dfrac{(v+r-a)}{(b-a-P_2)}$ 时,借款人才会按时还款。

对借贷平台,当 $M_1 > M_2$,即 $\beta \times (P_1+a) - a > \beta \times b - v - r$,$\beta < \dfrac{(v+r-a)}{(b-a-P_1)}$ 时,借贷平台才不会虚假宣传。

4.1.4 完全但不完美信息动态博弈的子博弈

在解决动态博弈问题时,通常会利用逆推归纳法和子博弈纳什均衡进行分析。本小节将从子博弈的基本概念、示例两方面入手进行细致讲解。

第四章 完全但不完美信息动态博弈

子博弈(Subgame)是原博弈的一部分,它本身可以作为独立的博弈分析,由动态博弈第一阶段以外的某个阶段开始的后续博弈阶段构成的,有确切的初始信息集和进行博弈所需要的全部信息能够自成一个博弈的原博弈的一部分。

子博弈的基本概念可提炼出以下三个要点:①原博弈是本身的一个子博弈;②子博弈不分割任何的信息集;③子博弈必须从单节点信息集出发。

根据子博弈的基本概念可知,图4.5多节点信息集和子博弈(a)中虚线框住的部分并非子博弈。因为其只包含了博弈方3的两节点信息集中的一个节点,而没有包括另一个。虽然满足了从单节点信息集出发,但是分割了信息集。

根据子博弈的基本概念可知,图4.5多节点信息集和子博弈(b)中虚线框住的部分并非子博弈。在该虚线框部分中,博弈方3只能知晓博弈方2选择L,但对博弈方1的选择无从知晓,不满足基本概念中"初始信息集"的要求,同时只满足了不分割信息集,却没有满足从单节点信息集出发,故此部分非子博弈。

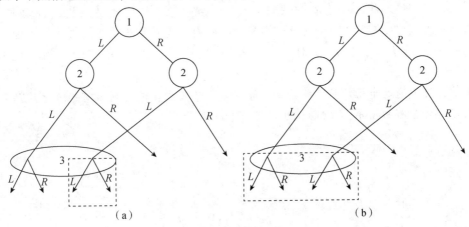

图4.5 多节点信息集和子博弈

4.2 完美贝叶斯均衡

在完全但不完美信息的动态博弈中,由于存在多节点信息集,一些重要的选择及其后续阶段不构成子博弈,所以子博弈完美性要求无法彻底排除博弈中不可信的威胁或承诺。此时若想进一步研究该博弈,就必须引进新的均衡概念——完美贝叶斯均衡。

完美贝叶斯均衡(Perfect Bayesian Equilibrium)是指存在一个策略组合和一组信念使博弈的每一个节点满足:①给定其他参与人的信念和策略,博弈剩余部分的策略是纳什均衡策略;②给定博弈到目前为止的历史,参与人在每一个信息集上的信念都是理性的(参与人将根据观察到的行动,运用贝叶斯法则来修正主观判断)。其要求包括以下四点:

(1)在每个信息集,轮到选择的博弈方必须具有一个关于博弈达到该信息集中每个节点可能性的"判断"。对于单节点信息集,"判断"是博弈达到该节点的概率为1,对于多节点信息集,"判断"是博弈达到该信息集中各个节点可能性的概率分布。

(2)博弈方"判断"的策略必须是序列理性的。在各个信息集,给定轮到选择博弈方的

"判断"和其他博弈方的后续策略，该博弈方的行为及以后阶段的后续策略，必须使自己的得益或期望得益最大。

（3）在均衡路径上的信息集处，"判断"由贝叶斯法则和各博弈方的均衡策略决定。

（4）在不处于均衡路径上的信息集处，"判断"由贝叶斯法则和各博弈方在此处可能有的均衡策略决定。

为便于大家熟练理解并掌握完美贝叶斯均衡，本小节将通过三个案例进一步细化相关知识点。

经典案例

案例一：

网络购物交易模型

首先，在网络购物交易博弈中（见图4.6），需要"判断"的是博弈方1（即卖方）决定售出产品后，买方（博弈方2）的选择信息集，判断内容是产品优质还是劣质，或者产品优质、劣质的概率大小，可以分别用条件概率 $P(g|s)$，$P(b|s)$ 表示，且 $P(g|s) + P(b|s) = 1$。

其次，可以通过市场调研、经验研究等方式，让买方在进行判断前知道优质产品、劣质产品在市场分布的概率，分别用 $P(g)$ 和 $P(b)$ 表示。

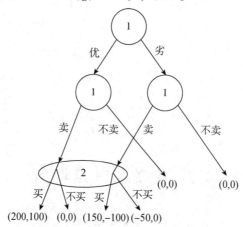

图 4.6 网络购物交易（数值例子）

最后，已知卖方面对优质产品、劣质产品时选择出售或不出售的概率，即 $P(s|g)$，$1 - P(s|g)$ 和 $P(s|b)$，$1 - P(s|b)$。

结合上述数据，可以根据贝叶斯法则计算条件概率 $P(g|s)$ 和 $P(b|s)$，即买方需要的"判断"。

$$P(g|s) = \frac{P(g) \times P(s|g)}{P(s)} = \frac{P(g) \times P(s|g)}{P(g) \times P(s|g) + P(b) \times P(s|b)}$$

因此，关键任务是确定在产品优质、劣质两种情况下，卖方分别选择卖的概率 $P(s|g)$，$P(s|b)$。由于卖方是主动选择和理性行为的，所以这两个概率取决于卖方的均衡策略。由图4.6易得 $P(s|b) = 1$，考虑到产品劣质时，卖方选择出售，但是卖不出去会

有损失，因此卖方的选择需要仔细斟酌。

无论卖方选择出售、不出售，或是混合策略，都需要考虑成功售出的概率，即买方选择购买的概率大小。

假设买方购买的概率为0.5，卖方选择卖的期望得益为$0.5 \times 1 + 0.5 \times (-1) = 0$，与不卖得益相等，风险中性的卖方可采用概率分布(0.5, 0.5)选择出售或不出售的混合策略。这时候买方"判断"$P(s|b) = 0.5$符合卖方的均衡策略，也符合自己的均衡策略。

根据$P(s|g) = 1$和$P(s|b) = 0.5$，以及总体产品优质、劣质的概率$P(g) = P(b) = 0.5$，按照贝叶斯法则，不难算出：

$$P(g|s) = \frac{P(g) \times P(s|g)}{P(g) \times P(s|g) + P(b) \times P(s|b)} = \frac{0.5 \times 1}{0.5 \times 1 + 0.5 \times 0.5} = \frac{2}{3}$$

这就是买方对卖方所卖产品是优质产品概率的"判断"。

劣质产品的概率为：

$$P(b|s) = 1 - P(g|s) = 1 - \frac{2}{3} = \frac{1}{3}$$

案例二：

三方三阶段不完全信息动态博弈

如图4.7所示，第一阶段博弈方1有Y和N两种选择，博弈方2和博弈方3都可看到其做出的选择。若博弈方1选择Y，则博弈继续；若博弈方1选择N，则博弈结束。

第二阶段博弈方2有H和L两种选择，博弈方3看不见其选择，所以博弈方3第三阶段的信息集是两节点信息集。

第三阶段博弈方3有F和S两种选择，博弈三方得益依次对应终点处得益数组中的3个数字。根据逆推归纳法的思路，先假设博弈方3"判断"博弈方2选择H和L的概率分别是x，$1-x$。此时，博弈方3选择F的期望得益为$x \times 3 + (1-x) \times 2 = 2 + x$，选择S的期望得益为$x \times 4 + (1-x) \times 1 = 1 + 3x$。由上易得，当$x = \frac{1}{2}$时，博弈方3可选择F、S或混合策略；当$x > \frac{1}{2}$时，博弈方3应该选择S；当$x < \frac{1}{2}$时，博弈方3应该选择F。

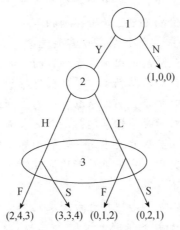

图4.7　三方三阶段不完全信息动态博弈

假设博弈方3"判断"$x > \frac{1}{2}$,则博弈方3选择S。

首先,看博弈方2的选择,其选择更大概率会偏向H,因为H是相对于L的绝对上策。根据上述假设,$x > \frac{1}{2}$显然符合博弈方2的策略。

然后,看博弈方1的选择,鉴于其已知晓博弈方2、博弈方3选择的子博弈均衡必然为(H, S),为实现利益最大化,Y必然是博弈方1的均衡策略。

综上所述,三方博弈的策略组合(Y, H, S)是均衡的,是一个完美贝叶斯均衡。

案例三:

拍卖博弈

通过拍卖博弈这样一个简单案例,分析一个完全但不完美信息动态博弈是否满足完美贝叶斯均衡。

假设在一个拍卖博弈中,共有两个博弈方,即潜在买家和卖家。卖家拥有自己想出售的产品,可以是一幅画或其他外人难以估计价值的藏品,买方由于信息不对称而无法对这件藏品进行准确估值,即对这件藏品的估值具有不完美信息。由于藏品是自己的,卖方对其价值有着准确的估值,买方则只能通过观察卖方售卖的初始价对其进行估价。

博弈过程分析如下。

卖家先根据自己了解的真实情况给出一个拍卖物品的起始价,以便供买方进行参考,确定是否参与拍卖。

买方观察到卖家的出价,对拍卖物品进行一个初步估价,并基于这个信息确定自己是否参与拍卖,以及他们的最高出价。

如果买方参与了拍卖,卖家可以选择接受最高出价并卖出拍卖物品,或者拒绝。

如果拒绝,拍卖结束,没有交易发生。如果接受,卖家出售,将拍卖物品交给买方,买方付款,交易完成。

判断该博弈过程是否满足完美贝叶斯均衡。

信息集:买方的信息集包括两种情况,一种是卖方出价高的情况,另一种则是卖方出价低的情况。

策略:卖方的策略是在拍卖开始前给出的初始价,可以是高价也可以是低价;买方的策略则是根据卖方给出的初始价确定自己是否参加拍卖。

聚焦策略:在每个信息集中,每个博弈方需要选择一个聚焦策略,即他们的最佳反应。在这个案例中,卖方的最佳反应是出价等于画作的实际价值。买方的最佳反应是在他们认为的实际价值高于卖方出价时参与拍卖,并使出价等于他们的实际价值。

信息流:信息在卖方出价时揭示,买方根据卖家的出价来调整他们的出价。

如果存在一组策略,使得对于每个信息集,每个玩家都选择了聚焦策略,使得他们在该信息集中达到了最佳反应,而且这些策略是一致的,那么我们可以说这个博弈满足完美贝叶斯均衡。然而,在实际情况中,完美贝叶斯均衡可能不存在,因为玩家的理性行为和信息不对称可能导致博弈结果不稳定。

总之,要判断一个不完美信息动态博弈是否满足完美贝叶斯均衡,需要详细分析博弈的各个要素,并检查是否存在一致的策略,使每个玩家在每个信息集中都选择了最佳反应。在实际情况中,这可能需要使用博弈论工具来进行深入分析。

4.3 单一价格网购交易

4.3.1 单一价格网购交易模型

网络购物交易是一种典型的完全但不完美信息动态博弈问题，单一价格网购交易模型如图 4.8 所示。

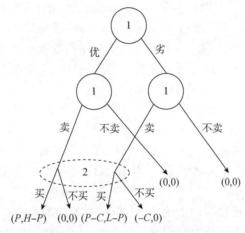

图 4.8 单一价格网购交易模型

假设网购的产品有优质、劣质两种情况，对买方价值分别为 H 和 L，且 $H>L$。再假设买方想买优质产品，不想买劣质产品，因此卖方若想卖出产品，不管产品质量优或者劣都必须按照优质产品来卖，故该模型中只有一种价格 P。在这种情况下，卖方必须付出一定的伪装成本，将劣质产品伪装成优质产品去欺骗买方，假设伪装成本为 C。

(1) 已知 $H>P>L$，若 $P>C$，即优质产品对买方价值大于售价，劣质产品对买方价值小于售价，售价高于伪装费用。此时，成功售出优质产品对买卖双方都有利；未成功售出优质产品对买卖双方而言并无损失，但彼此都失去了一次得益机会；成功售出劣质产品时卖方得益、买方损失；未成功售出劣质产品时买方得益避免一次受骗、卖方损失伪装成本 C。

(2) 已知 $P>H>L$，若 $P>C$，即售价同时高于优质、劣质产品对买方的价值，售价高于伪装费用。此时，只要买方选择购买，其利益必然受损；卖方则分别面临大赚、小赚、无损失、损失伪装成本 C 四种情况，风险性低。

(3) 已知 $H>P>L$，若 $P<C$，即优质产品对买方价值大于售价，劣质产品对买方价值小于售价，售价低于伪装费用。此时，优质产品的售出与否与(1)情况一样，但劣质产品的两种情况，卖方都要承担相应的损失。

$P>H>L$，$P<C$；$H>L>P$，$P>C$；$H>L>P$，$P<C$ 三种情形几乎不可能出现，没有现实意义，故不做进一步讨论。

在价值、价格和伪装成本满足条件(2)时，买方只要选择购买，就会承担相应的损失，此时不进行交易是上选。卖方只有 1/4 的概率要承担伪装劣质产品的成本损失，但买方在博弈双方得益信息完全对称时，必然选择不买，则卖方必然承担损失。

4.3.2 单一价格网购模型的纯策略完美贝叶斯均衡

现在对单一价格网购交易博弈模型做一些分析，利用逆推归纳法导出或证明该模型各种类型的市场均衡。

(1) 市场完全成功的分开均衡。

将上述模型假设为售价低于伪装成本，即 $P < C$。同时买方掌握了该信息，此时均衡结果就会发生变化。当 $P < C$ 时，若是劣质产品，即使卖方费时费力费钱地将其售出，也只是面临着亏损这一结果，想卖卖不出去时更是净亏伪装成本 C，因此卖方对劣质产品的唯一选择就是不卖。假设其他条件不变，即优质产品卖方依然选择卖。这样，下列策略组合和判断构成有市场完全成功的分开均衡特征的完美贝叶斯均衡。

① 卖方选择卖优质产品，不卖劣质产品。
② 买方选择买，只要卖方卖。
③ 买方的判断为 $P(g|s) = 1$，$P(b|s) = 0$。

因为买方对卖方伪装劣质产品成本很高的信息是了解的，知道卖方选择卖的必定是优质产品，选择不卖的必定是劣质产品。卖方的行为会给买方提供准确信息，即判断 $P(g|s) = 1$ 和 $P(b|s) = 0$。

有了该判断后，可用逆推归纳法论证上述策略组合和判断是完美贝叶斯均衡。买方做出选择时，选择购买的期望得益为 $1 \times (H-P) + 0 \times (L-P) = H-P > 0$，选择不买的得益是 0，故而购买是买方的唯一选择。

退回到卖方的选择。给定买方的策略，优质产品卖的得益是 $P > 0$，不卖的得益是 0，故选择卖；劣质产品卖的得益是 $P - C < 0$，不卖的得益是 0，只有选择不卖。

因此，双方策略都满足序列理性的要求。

(2) 市场完全失败的合并均衡。

如果交易市场中所有的卖方(包括拥有优质商品的卖方)，因为担心商品卖不出去而不敢将商品投入市场，从而使得市场交易不可能实现，这种市场交易就是"市场完全失败"型，在这种市场类型下，任何市场行为都不可能发生。

如果所有的卖方(即具有完美信息的博弈方)采用同样的交易策略，而不管他们商品的类型是好还是差，如市场完全失败型中所有卖方都选择不卖，市场部分成功型中所有卖方都选择卖。这种不同市场类型下，博弈方采取相同行为的市场均衡，称为"合并均衡"。

上述两种均衡的判断都是根据得益及其有关的数据直接得到的。然而在实际生活中，大多数动态博弈的判断并不能从得益情况直接得到，很可能需要买方根据以往经验或其他信息推算。其中最悲观的情况，就是买方根据以往经验，判断卖方选择卖时售出的一定是劣质产品，即 $P(g|s) = 0$，$P(b|s) = 1$，则下列策略组合和判断构成市场完全失败类型的完美贝叶斯均衡。

① 卖方选择不卖。
② 买方选择不买。
③ $P(g|s) = 0$，$P(b|s) = 1$。

此时,买方的判断是不在均衡路径上的信息集处的判断,符合双方的均衡策略和贝叶斯法则,满足完美贝叶斯均衡的要求4。

在这个判断下,买方买的期望得益 $0 \times (H-P) + 1 \times (L-P) = L-P < 0$,不买得益为0,买方肯定不买。

给定买方不买,卖方选卖对应产品质量优、劣分别得益 0、$-C$,都不比不卖好,因此不卖是卖方的明智选择。

4.4 双价网络购物交易

4.4.1 双价网络购物交易模型

上一节讨论的单一价格网络购物交易博弈的价格是固定的,买方无法从商品价格方面得到任何信息。其实多数市场不是单一价格,而是根据商品质量档次有多种价格。本节讨论有高、低两种价格的网络购物交易模型。

假设产品质量有优质或劣质两种情况,卖方的决策有卖高价 P_h 或低价 P_l 两种情况。需要特别强调的是,该条件下,卖方有四种决策可选:低价优质、高价优质、低价劣质和高价劣质。当选择高价劣质时,会伴随产生伪装费用 C。这个双价网络购物交易模型如图4.9所示,可以确定 $H > L$,$P_h > P_l$。

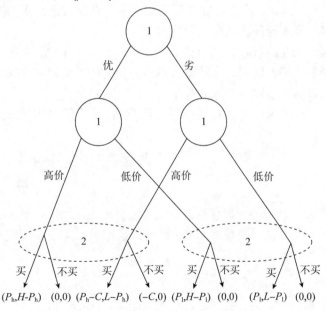

图4.9 双价网络购物交易模型

综上可知,对于买方来说,低价买劣质产品不至于亏本,高价买劣质产品则要吃亏。对买方来说有一种更理想的情况,即低价买优质产品,相比高价买优质产品的得益要大,$H - P_l > H - P_h$,可惜这种好运不是总能碰到的。因此买方的判断依据要依靠以下三点:卖方的策略、自身的生活经验、合理运用贝叶斯法则。

4.4.2 模型的均衡

首先证明当 $P_l > P_h - C$ 时可以实现市场完全成功的完美贝叶斯均衡。该完美贝叶斯均衡的双方策略组合和相应的判断如下。

(1) 卖方高价出售优质产品，低价出售劣质产品。
(2) 买方买下卖方出售的产品。
(3) 买方判断 $P(g|h) = 1$，$P(b|h) = 0$，$P(g|l) = 0$，$P(b|l) = 1$。

其中 4 个条件概率依次为卖方高价出售优质产品、高价出售劣质产品、低价出售优质产品、低价出售劣质产品的概率。

用逆推归纳法论证上述策略组合和判断构成完美贝叶斯均衡。对买方来说，给定上述判断：

如果卖方要高价，买方选择购买的期望得益为：
$$P(g|h)(H - P_h) + P(b|h)(L - P_h) = H - P_h > 0$$

如果卖方要低价，买方选择购买的期望得益为：
$$P(g|l)(H - P_l) + P(b|l)(L - P_l) = L - P_l > 0$$

两种情况下不买的得益都是 0，因此买是相对于不买的绝对上策。

接着看卖方的选择。给定买方的策略，出售优质产品时 $P_h > P_l$，当然要高价；出售劣质产品时 $P_l > 0 > P_h - C$，出低价才是合理的。优质产品卖高价、劣质产品卖低价，是唯一的序列理性策略。

极端情况是 $C = 0$，即以次充好完全不需要成本。在这种情况下，卖方绝对不会以低价出售，因此价格完全不能反映产品质量优劣。

如果这时再满足：$P(g)(H - P_h) + P(b)(L - P_h) < 0$，即买方选买期望得益小于 0，则买方的必然选择是不买，而卖方当然就卖不出去。这样市场就完全瘫痪了，卖方只好全部退出市场，质量好的商品也没有人购买。

这种在信息不完美的情况下，劣质品赶走优质品，搞垮整个市场的机制，就是"劣币驱逐良币"。

思考题

1. 谈谈你对完美贝叶斯均衡的理解。
2. 用完全但不完美信息动态博弈的思想解释工厂污水排放管理困难的原因。
3. 举出现实中昂贵的承诺的例子。

参考答案

1. 答：完美贝叶斯均衡是一种多人博弈模型，其中所有参与人都独立地做出最佳决定，以获得最大的利益。在这种博弈模型中，每个参与人都分析了他们的行为生成的期望价值，对其进行优化，以获得最大的利润。该概念可以抽象表示为：一种状况下，当一个人采取了一个行为，其他人改变自己行为以使自己的利益最大化，并最终达到一种合作平衡。完美贝叶斯均衡提出的假设是，如果一个参与人的行为可以影响到其他参与人的利润,那么对他们来说,当他们考虑总利润(以及对其他参与人的影响)时,他们会选择一种有利于其本身利润和有益于其他参与人的行为。因此,这种博弈模型最终可以使所有参与人获得最大利益。

2. 答:工厂污水排放中的管理问题可以用完全但不完美信息动态博弈来描述。工厂污水排放中的管理困难现象正是这种管理低效率均衡的表现形式。主要因素包括:

(1)信息不完美程度比较严重。管理的建立有差距,信息不对称现象严重等。

(2)工厂员工对污水排放意识低下而且麻木。加之管理不善,导致污水排放很难治理。

(3)对污水排放管理不善者打击不力。执法部门、政府管理部门打击力度不够,而且保护甚至纵容("激励的悖论")。

(4)我国社会污水排放管理标准的变化大,稳定性较差。

根治工厂污水排放管理难题必须解决好以上问题。

3. 答:现实生活中厂商对消费者做出的"假一罚十""无理由退货""终身保修制度",以及有些行业协会实行质量保证金制度等都是这方面的例子。

第五章　不完全信息静态博弈

5.1　问题和例子

不完全信息静态博弈，即为至少其中的一个博弈方并不太知道其他博弈方得益多少的静态博弈。不完全信息并非完全没有数据，通过不完全信息博弈方可以只了解其他博弈方得益和概率分布的信息。这一类博弈又被叫作"贝叶斯博弈"。

一个常见案例就是密封价格拍卖：报价的博弈方可以对产品价值进行评估，同时他也知道自己的产品价值，只是他不清楚其他报价的博弈方对产品的价值评估；然后所有的博弈方同时把自己的报价放在密封箱内并上交，这样整个博弈过程中博弈方的行动都是同步的。所以，这个例子就是最经典的不完全信息静态博弈。

在社会经济的现实世界中，许多静态博弈有着信息不完全的特点。研究不完全信息下的静态博弈，具有重要的现实意义。

拍卖和招投标是重要的经济交易工具，可以抽象为多种静态或动态博弈模型。拍卖和招投标博弈模型的共同特征是不完全信息。

5.2　不完全信息古诺模型

5.2.1　市场进入博弈

假设某一个市场中，企业 A 占据了所有的市场份额，另外有一个企业 B 也想进入这个市场占据一定的市场份额，但是企业 B 不知道企业 A 的成本信息，也不知道当自己进入市场，企业 A 将采取何种措施来抵制自己的进入。因此，假定企业 A 有高、低成本两种阻止企业 B 进入的成本函数，且对应的两种成本的不同策略组合的得益矩阵如表 5.1 所示。

表 5.1　得益矩阵

		在位企业 A			
		高成本		低成本	
		默许	斗争	默许	斗争
进入企业 B	进入	30, 40	-10, 0	20, 70	-10, 80
	不进入	0, 200	0, 200	0, 300	0, 300

我们假设企业 B 了解自己的成本情况信息，但是对企业 A 成本情况的应对信息是不了解的，因此这是一个不完全信息博弈。

5.2.2　两家发电公司的不完全信息古诺模型

不完全信息古诺模型是不完全信息静态博弈中经典的模型，与完全信息古诺模型不同，竞争的企业为了自己的地位，往往会保密自己的企业信息，其他的企业难以了解到有些企业的信息。简单来说就是，在博弈中，只有企业不了解其他企业的信息，这个时候的古诺模型就叫作不完全信息古诺模型。

了解了不完全信息古诺模型的概念，后面我们来分析一个不完全信息古诺模型的具体例子。假设市场中存在两家寡头发电公司，分别用企业 A 和企业 B 来表示，企业 A 的产量为 q_1，企业 B 的产量为 q_2，市场的总产量为 $Q = q_1 + q_2$，市场价格为 $P = 16 - Q(Q \leqslant 16)$，企业 B 的边际成本为 $c_2 = 4$，即成本函数为 $C(q_2) = c_2 q_2 = 4q_2$，这是两个企业都知道的。而企业 A 的边际成本为私有信息，但已知企业 A 有 $1 - \theta = \frac{1}{3}$ 的概率为低边际成本的成本函数 $C(q_1; c_L) = c_L q_1 = 2q_1$，有 $\theta = \frac{2}{3}$ 的概率为高边际成本的成本函数 $C(q_1; c_H) = c_H q_1 = 6q_1$，企业 B 只知道概率的分布。上述给定企业 B 的最佳产量为 q_2^*，假设企业 A 的最优产量为 $(q_1^*(c_L), q_1^*(c_H))$。

对于低成本，企业 A 的最优反应为：
$$\max_{q_1(c_L)} \left[(16 - q_2^* - q_1)q_1 - c_L q_1 \right]$$

解得：
$$q_1^*(c_L) = \frac{16 - q_2^* - c_L}{2} = \frac{14 - q_2^*}{2} \tag{5-1}$$

对于高成本，企业 A 的最优反应为：
$$\max_{q_1(c_H)} \left[(16 - q_2^* - q_1)q_1 - c_H q_1 \right]$$

解得：
$$q_1^*(c_H) = \frac{16 - q_2^* - c_H}{2} = \frac{16 - 6 - q_2^*}{2} = \frac{10 - q_2^*}{2} \tag{5-2}$$

企业 B 的最优反应为：
$$\max_{q_2} \left\{ (1 - \theta)\left[(16 - q_1^*(c_L) - q_2)q_2 - c_2 q_2 \right] + \theta\left[(16 - q_1^*(c_H) - q_2)q_2 - c_2 q_2 \right] \right\}$$

解得：

$$q_2^* = \frac{1}{2}\{\theta[16 - q_1^*(c_H) - c_2] + (1-\theta)[16 - q_1^*(c_L) - c_2]\}$$

$$= \frac{1}{2}\left\{\frac{2}{3}[16 - 4 - q_1^*(c_H)] + \frac{1}{3}[16 - 4 - q_1^*(c_L)]\right\} \qquad (5-3)$$

$$= \frac{12 - \dfrac{q_1^*(c_L) + 2q_1^*(c_H)}{3}}{2}$$

解式 5-1、5-2、5-3 组成的方程组可得：

$$q_1^*(c_H) = \frac{16 - 2c_H + c_2}{3} + \frac{\frac{1}{3}}{6}(c_H - c_L) = \frac{26}{9}$$

$$q_1^*(c_L) = \frac{16 - 2c_L + c_2}{3} + \frac{\frac{2}{3}}{6}(c_H - c_L) = \frac{52}{9}$$

$$q_2^* = \frac{16 - 2c_2 + \frac{2}{3}c_H + \frac{1}{3}c_L}{3} = \frac{38}{9}$$

则得到不完全信息古诺模型的最优反应函数的策略组合 $((q_1^*(c_L), q_1^*(c_H)), q_2^*)$ 为贝叶斯纳什均衡。可以发现在完全信息的情况下，对于企业 B，有 $c_H = c_L = c_1$，代入 $q_2^* = \dfrac{16 - 2c_2 + \frac{2}{3}c_H + \frac{1}{3}c_L}{3}$ 可得参与人 B 的均衡产量 $q_2^* = \dfrac{16 - 2c_2 + c_1}{3}$；对于企业 A，当企业 B 知道企业 A 要选择高价时，那么高边际成本的概率为 1，所以 $q_1^* = \dfrac{16 - 2c_1 + c_2}{3}$；当企业 B 知道企业 A 会选择低价时，高边际成本的概率为 0，所以有 $q_1^* = \dfrac{16 - 2c_1 + c_2}{3}$，因此，企业 A 的均衡产量为 $q_1^* = \dfrac{16 - 2c_1 + c_2}{3}$。将不完全信息下的 $q_1^*(c_L), q_1^*(c_H), q_2^*$ 与完全信息下的 q_1^* 和 q_2^* 进行对比分析可以发现：

当 $c_1 = c_H$，有 $c_L = 0$，将其代入 $q_1^*(c_H) = \dfrac{16 - 2c_H + c_2}{3} + \dfrac{\frac{1}{3}}{6}(c_H - c_L)$ 有：

$$q_1^*(c_H) = \frac{16 - 2c_1 + c_2}{3} + \frac{\frac{1}{3}}{6} \times c_1, \quad q_1^* = \frac{16 - 2c_1 + c_2}{3}, \text{ 所以 } q_1^*(c_H) > q_1^*。$$

当 $c_1 = c_L$，有 $c_H = 0$，将其代入 $q_1^*(c_L) = \dfrac{16 - 2c_L + c_2}{3} + \dfrac{\frac{2}{3}}{6}(c_H - c_L)$ 有：

$$q_1^*(c_L) = \frac{16 - 2c_1 + c_2}{3} + \frac{\frac{2}{3}}{6} \times (-c_1), \quad q_1^* = \frac{16 - 2c_1 + c_2}{3}, \text{ 所以 } q_1^*(c_L) < q_1^*。$$

因此，我们认为企业 A 的均衡产量 q_1^* 比完全信息时的均衡产量更大还是更小，取决于企业 B 期望成本的大小，也就是企业 A 两种成本的高低及其出现的概率的大小，变化方向不能简单确定。

5.2.3 不完全信息情况下发电公司博弈决策的得益矩阵

由上述可知，企业 B 与企业 A 的信息处于不对称的状态。企业 B 不知道企业 A 会选择更高的单位发电成本还是更低的单位发电成本，而企业 A 知道企业 B 的单位发电成本。做两发电公司不完全信息发电量决策的得益矩阵。

设企业 A 在高发电量时的得益为 2，企业 B 在低发电量时的得益为 1。企业 A 在决策组合（低发电量，低发电量）和（低发电量，高发电量）下的得益分别为 $(1+t_1)$ 和 t_1，企业 B 在决策组合（低发电量，高发电量）和（高发电量，高发电量）下的得益分别为 $(2+t_2)$ 和 $(1+t_2)$。t_1 有两个可能取值 0 和 1，分别反映企业 A 在低发电量得益的低和高发电量时得益的高。t_2 有两个可能取值 0 和 1，分别反映企业 B 在低发电量时得益的低和在高发电量时得益的高。此时发电公司发电量博弈的得益如表 5.2 所示。

表 5.2 不完全信息发电量决策的得益矩阵（t_1 和 t_2 取值 0 或 1）

		企业 B	
		低发电量	高发电量
企业 A	低发电量	$1+t_1$, 1	t_1, $2+t_2$
	高发电量	2, 1	2, $1+t_2$

5.3 静态贝叶斯模型

5.3.1 静态贝叶斯的经典案例

经济市场中不完全信息静态博弈的典型案例为拍卖行为以及招标和投标行为。拍卖是指拍卖代理人以公开竞价的方式出售物品，并依据高价者得的原则，将委托人的拍品转让给竞价者，实现物品所有权的转移。招标和投标则是在市场经济中，有组织地开展的一项择优成交的商品交易方式。拍卖和招投标极大地减少了代理成本，在市场经济中被广泛地应用。

根据不同的拍卖交易制度可以将拍卖分为以下五类：英式拍卖、荷式拍卖、第一密封价格拍卖、第二密封价格拍卖和双方叫价拍卖。英式拍卖也称公开拍卖，其实质是增加拍卖。在英式拍卖中，竞价者需要按照由低至高的竞价阶梯依次抬价，直到拍卖截止时间，出价最高的竞价者获得拍品。荷式拍卖又称减价拍卖，相较于其他拍卖形式比较特殊，拍品的竞价会随着时间的不断推移依次降低，直至有竞价者愿意出价购买。第一密封价格拍卖又称维克瑞拍卖，此类拍卖需要进行秘密报价，各竞价者以密封的形式同时出价，出价最高者以最高报价获得拍品。而第二密封价格拍卖与第一密封价格拍卖相同的是出价方式，均为密封出价，但在第二密封价格拍卖中，获胜方需要以次高价的价格获得拍品。双方叫价拍卖需要竞价者和拍品委托人同时出价，最终由拍品委托人选择成交价格售出拍品。显然，拍卖和招投标问题是典型的不完全信息博弈，包括不完全信息静态博弈和不完全信息动态博弈。

1. 密封拍卖

在密封拍卖的博弈模型中，每一个参与拍卖的博弈方需要将己方的报价填写在一张纸上，并秘密放置在信封中封好，由组织者将所有博弈方的信封收集起来并对他们的报价进行对比，报价最高的博弈方将获得该博弈的胜利。

可以发现，密封拍卖有以下几个特征：

(1)参加密封拍卖的各博弈方需要秘密报价。

(2)每一个博弈方均知道己方的报价，但不清楚其他博弈方的报价。

(3)组织方在开标前需要收集好所有博弈方的报价信封。

(4)各博弈方报价需要在统一的时间进行开标。

(5)密封拍卖的拍品通常为报价最高者得。

在密封拍卖模型中需要假设：

(1)组织方未设定最低成交价。

(2)未中标的博弈方无需支付任何成本。

(3)不会出现两个相同的最高报价。

密封拍卖博弈模型中，博弈方显然是参与拍卖的竞价者，各博弈方的策略是各竞价者选择报价的金额，中标竞价者的得益是其对标的的估价与他们成交价格之间的差值，未中标的竞价者的得益是0。

竞价者递交报价后统一时间开标意味着各博弈方是同时选择他们的博弈策略，这符合静态博弈的特点。此外，中标的博弈方的得益除了与成交价格有关外，与博弈方对标的的估计价格也密切相关，由于对标的的估价是各博弈方的私人信息，其他博弈方很难通过某种渠道获取，所以在密封拍卖博弈模型中，各博弈方难以获得其他博弈方的得益信息，这符合不完全信息博弈的特点，因此，密封拍卖博弈是典型的不完全信息静态博弈，也是静态贝叶斯博弈。

2. 双方叫价拍卖

双方叫价拍卖是不完全信息博弈的一个典型案例。在这个模型中存在两个参与人，分别是买方和卖方。卖方拥有一个物品，它并不知道买方对该物品的真实价值的把握，卖方必须决定一个起始的报价，这个报价会影响整个交易的结果。卖方的目标是以尽可能高的价格卖出手中的物品。买方对物品有一个真实的价值的把握，但卖方并不知道买方把握的这个价值，买方必须根据卖方给出的叫卖价格决定是否接受该报价或者是提出更高的报价。买方的目标是以尽可能低的价格去购买物品。在这个模型中，买方和卖方都存在不完全信息，也就是彼此都不知道双方的真实意图和信息，他们需要根据自己的判断和策略来做出决策。通常情况下，卖方会选择一个比较高的起始价进行报价，以期望获得最高的得益，而买方则需要评估自己对物品真实价值的把握，并根据这个价值来决定自己是否要提出更高的报价。在整个叫价拍卖的过程中，卖方和买方可以通过多轮的报价交流来逐渐接近一个最终的交易价格，他们的策略和抉择将会影响双方的利益以及最终的交易结果。可以用简单的数字描述来表示这个案例。

卖方和买方同时开价，卖方交出的价格称为要价(Asking Price)，买方给出的价格称为出价(Bidding Price)，卖方对物品的价值把握是 C，买方对物品的估值是 V。场上的第

三方敲定最终价格 P 来完成这项交易，此时要价比 P 低的卖方出售物品，出价比 P 高的买方购买获得物品，并且在价格 P 下需求和供给达到均衡。

(1) 如果 C 和 V 为共同信息，信息就是完全的。

设定 $V > C$，当买方与卖方提供相同的价格时 $P_s = P_b = P$，所有参与人都能够获得有用的剩余，此时实现了帕累托的最佳均衡；若存在任何一方希望从中获取额外的得益（即卖方提供的价格超过买方的预期），那么该交易将被终止或不能进行；若存在一方擅自提高价格（即卖方的预期超过买方的预期），那么就可能产生低效甚至无效的均衡。

(2) 如果只有卖方明白 C，或仅当买方明白 V，信息就是不完全的。

假定 C 和 V 都满足 $[0, 1]$ 上的均匀分布，此时的分布函数是公共信息，双方的策略组合满足贝叶斯均衡。

在不完全信息的交易市场上，假设卖方的起始报价为 P_s，该商品对买方的价值为 V，而卖方并不知道这个 V。买方根据 P_s 决定是否接受报价或者提出更高的报价。此处我们用 P_b 表示买方的报价。

① 如果买方接受了卖方的报价 P_s，那么交易价格为 P_s，交易完成。

② 如果买方提出了更高的报价 P_b，那么交易价格为 P_b，交易完成；卖方的得益为 P_s，买方的得益为 $V - P_b$。

在这个模型中，卖方和买方的目标都是最大化自己的得益。卖方希望以尽可能高的价格出售物品，而买方希望以尽可能低的价格购买物品。他们的决策将取决于彼此的报价以及对物品价值的估计。不难发现，在这个模型中，买卖双方的决策都存在不完全信息和不确定性，并且参与人可以使用贝叶斯推断来做出最优决策。第一，卖方和买方都面临不完全信息的情况。卖方并不知道买方对物品的真实价值的把握，买方也不知道卖方的底线价格。他们只能依靠自己的观察和推断来估计对方的信息和意图。第二，在整个报价拍卖的过程中，买方可以根据卖方的起始报价以及自己对物品价值的先验认知，来更新自己对卖方底线价格的概率分布。同样地，卖方也可以根据买方的报价以及自己对买方真实价值的先验认知，来更新自己对买方价值的概率分布。这里，我们可以称他们是运用了贝叶斯推断，所谓的贝叶斯推断是一种基于先验概率和观测数据来更新概率分布的方法，具体到这个案例中是指他们根据最新的信息来调整自己的策略和决策，以达到最优的结果。第三，静态贝叶斯模型假设参与人在做出决策时只考虑当前时刻的信息，而不考虑未来时刻的信息。在双方报价拍卖模型中，参与人只能根据当前的报价和已有的信息来做出决策，而不能预测未来对方的行为。这符合静态贝叶斯的特征。

5.3.2 静态贝叶斯的数学表示

在完全信息静态博弈中，假设有 n 个参与人，如果用 a_j 表示博弈方 i 的一个行为选择，$j=1, 2, \cdots, m$。A_i 表示他的行为空间，则又可以把完全信息静态博弈表达为 $G = \{A_1, A_2, \cdots, A_n; u_1, u_2, \cdots, u_n\}$，其中 $u_i = u_i(a_1, a_2, \cdots, a_m)$ 是博弈方 i 的得益。当 $(a_1, a_2, \cdots, a_m)$ 确定以后，u_i 也就随之确定了，因此 u_i 是公共信息。但是，在静态贝叶斯博弈中，得益信息不是全部公开的。下面我们建立静态贝叶斯博弈的标准表达式。

因为静态贝叶斯博弈中的关键因素是，各博弈方都知道自己的得益，但不清楚其他博弈方的得益函数。为此，我们可以这样考虑：虽然某一个博弈方无法确定其他博弈方的得益函数,但是可以知道其他博弈方不同策略对应得益的概率,具体出现哪种情况取决于博弈方属于的类型。但是各博弈方只清楚自己的类型,却不清楚其他博弈方的类型。如果用 t_j 表示博弈方 i 的类型,$j=1,2,\cdots,i$。用 T_i 表示博弈方 i 的类型空间,并且 $t_j \in T_i$,则我们可以用 $u_i = u_i(a_1, a_2, \cdots, a_m, t_j)$ 表示博弈方 i 在策略组合 $(a_1, a_2, \cdots, a_m)$ 下的获利,类型 t_j 都对应着各博弈方 i 不同的得益函数。

按照上述论述,静态贝叶斯博弈可以表达为:

$$G = \{A_1, A_2, \cdots, A_n; T_1, T_2, \cdots, T_n; u_1, u_2, \cdots, u_n\}$$

其中,A_i 为博弈方 i 的策略空间集合,T_i 是博弈方 i 的类型空间集合,$u_i = u_i(a_1, a_2, \cdots, a_m, t_i)$ 为博弈方 i 的得益集合,它是策略组合 $(a_1, a_2, \cdots, a_m)$ 和类型 t_i 的函数。

根据上述论述,可以将博弈方对其他博弈方得益情况的不清楚,直接变成对各个博弈方"类型"不清楚,因此我们在分析时,就可以只关注各博弈方的"类型"以及各博弈方的策略组合。

回到 5.2.2 的不完全信息古诺模型的例子。在该静态贝叶斯博弈中,两家企业的行为产量用 q_1 和 q_2 来表示。其中 q_1 可能出现的取值构成企业 A 的行为选择空间,用 A_1 来表示,q_2 所有可能出现的取值构成企业 B 的行为选择空间,用 A_2 表示。企业 A 在一定策略组合下的获利为 u_1。显然,由于企业 B 的边际成本为 c_2,这个边际成本是完全信息,因此企业 A 的获利情况实际上只取决于双方产量、企业 A 的得益以及成本价格。然而由于企业 A 的边际成本分两种情况,有高成本 c_H 和低成本 c_L 两种可能,从而有两种可能的利润函数:

$$\pi(q_1, q_2; c_L) = [(a - q_1 - q_2) - c_L]q_1$$
$$\pi(q_1, q_2; c_H) = [(a - q_1 - q_2) - c_H]q_1$$

而且企业 B 不知道企业 A 的成本选择,因此企业 B 不可能有关于企业 A 得益的完全信息。根据上面介绍的思想和方法,我们将这种信息的不完全性解释成企业 B 不了解企业 A 的"类型",而这个"类型"就是企业 A 的边际成本。如果我们用 t_1 表示企业 A 的类型,则 t_1 有 c_H 和 c_L 两种可能性,如果用 T_1 表示其类型空间,则 $T_1 = \{c_H, c_L\}$。对于企业 B,虽然它只有一种成本 c_2,那么我们就可以将它等同于企业 B 的行为类型 t_2,其类型空间 T_2 只有 c_2 一个元素而已。因此,可以用 $G = \{A_1, A_2, \cdots, A_n; T_1, T_2, \cdots, T_n; u_1, u_2, \cdots, u_n\}$ 表示上述论述中的不完全信息的古诺模型,其中:

$$A_1 = \{q_1\}, A_2 = \{q_2\},$$
$$T_1 = \{c_H, c_L\}, T_2 = \{c_2\}$$
$$u_1 = \pi_1\{q_1, q_2, t_1\}, u_2 = \pi_2\{q_1, q_2, t_2\}。$$

在上面的分析中,我们可以看到,对"类型"的了解是解决静态贝叶斯博弈问题的一个关键,因为在不完全信息静态博弈中,如果一些博弈方对其他别的博弈方所实施策略的"类型"完全不了解,就不能做出合适的决策。因此,这些博弈方至少应该了解其他博弈方各种"类型"出现概率的大小,这样才能根据其他博弈方的策略做出自己的策略选择,实现利益最大化。

当博弈方 i 在已知自己的实际类型为 t_i 的条件下,再对其他博弈方类型 t_{-i} 的出现进行推断,我们可以得出以下概率 p_i,其中 $t_{-i} = (t_1, t_2, \cdots, t_{i-1}, t_{i+1}, \cdots, t_n)$,$p_i = p_i\{t_{-i} | t_i\}$,因此可用 $G = \{A_1, A_2, \cdots, A_n; T_1, T_2, \cdots, T_n; p_1, p_2, \cdots, p_n; u_1, u_2, \cdots, u_n\}$ 来表示不完全信息静态博弈,这样我们就可以顺利地解决不完全信息静态贝叶斯博弈问题。

5.3.3 海萨尼转换

海萨尼转换是一种处理不完全信息的方法,它把不确定性条件下的选择转换为风险条件下的选择。这个转换由经济学家海萨尼在 196 年提出。

我们假设有一个虚拟的博弈方,可称为"博弈方 0"也可以称为"自然",它为每个实际博弈方随机挑选所要采取的类型,这些类型构成类型向量,我们用 $T_i = (t_1, t_2, \cdots, t_m)$ 来表示,其中 $t_j \in T_i$,$i = 1, 2, \cdots, n$;$j = 1, 2, \cdots, m$。博弈方 0 只让每个博弈方了解自己的类型,但是不让其他博弈方知道。所有的博弈方同时选择行动,即各实际博弈方同时从各自的行为集合中选择行动方案 $a_1, a_2, \cdots, a_m$;除了博弈方 0,即"自然"以外,其余博弈方各自得益 $u_i(a_1, a_2, \cdots, a_m, t_i)$,其中 $i = 1, 2, \cdots, n$。

由于海萨尼转换的博弈有两个阶段,第一阶段为虚拟博弈方"自然"的选择阶段,第二阶段是实际博弈方 1, 2, $\cdots$, n 的同时选择阶段,因此这个博弈是动态博弈。又因为至少有部分博弈方对博弈方 0 的选择是不完全清楚的,因此这是一个不完美信息的动态博弈。另外,在博弈方 0 选择了实际博弈方的类型之后,大家都知道包括博弈方 0 选择路径的各博弈方策略组合 $(a_1, a_2, \cdots, a_m, t_i)$ 下的得益 $u_i(a_1, a_2, \cdots, a_m, t_i)$,因此这是一个完全但不完美信息的动态博弈。

从上述的博弈描述看,本质上仍然是原来的不完全信息静态博弈。因此海萨尼转换只是在形式上把不完全信息静态博弈转换成完全但不完美信息的动态博弈,并没有改变博弈的本质。

5.3.4 贝叶斯纳什均衡

静态贝叶斯博弈是让"博弈方 0"为各博弈方选择类型,然后各博弈方同时对所选择的类型做出相应的策略,因此在静态贝叶斯博弈中各博弈方其实就是针对自己可能的类型来来制订相应的计划,用公式表示,即:

$$G = \{A_1, A_2, \cdots, A_n; T_1, T_2, \cdots, T_n; p_1, p_2, \cdots, p_n; u_1, u_2 \cdots, u_n\}$$

G 是博弈方 i 所对应策略的集合,博弈方自己可能被抽取的类型表示为 $t_j(t_j \in T_i)$,再用一个函数 $S_i(t_j)$ 表示博弈方 i 从自己的行为空间 A_i 中所相应选择的行动 a_j。另外博弈方 i 的可行的策略集 $S_i(t_j)$ 是定义域为 T_i、值域为 A_i 的所有可能的函数集。

又因为,"博弈方 0"在为其他博弈方随机抽取了类型之后,各博弈方完全清楚自己的类型,因此,仅需要根据自己的类型选择行动。虽然各博弈方知道自己的类型是什么,却不知道其他博弈方所抽取的类型是什么。因此各博弈方在做决策的时候,也需要考虑其他博弈方的行动策略。

再次回到 5.2.2 提到的不完全信息古诺模型中,企业 B 如果只有一种可以选择的类型,那么它就只有一种行动的策略。而企业 A 有 c_H 和 c_L 两种类型,因此企业 A 的策略空间就是 $(q_1^*(c_H), q_1^*(c_L))$ 其中一种。假设企业 A 选择 c_L,那么企业 A 的最优策略就是 $q_1^*(c_L)$。如果企业 A 选择 c_H,那么企业 A 的最优策略就是 $q_1^*(c_H)$。因为企业 B 不知道企业 A 选择什么类型,因此企业 B 只能根据企业 A 选择 $q_1^*(c_L)$ 和 $q_1^*(c_H)$ 的概率大小来进行合适的策略选择。利用函数式,我们可以对上述论证进行表示:

$$q_1^*(c_L) = q_1(c_L, q_2^*) = q\{c_L, q_2^*[c_2, q_1^*(c_H), q_1^*(c_L)]\}$$

其中 $q_1^*(c_L)$ 最终也取决于 $q_1^*(c_H)$。因此，我们可以看出如果不考虑企业 A 对 $q_1^*(c_H)$ 的策略计划，我们就无法分析这种情况的博弈。

在一个有限静态贝叶斯博弈[博弈方 n 为有限数，$(A_1, A_2, \cdots, A_n)$ 和 $(T_1, T_2, \cdots, T_n)$ 为有限集]中，存在贝叶斯纳什均衡，同完全信息静态博弈一样，也可能还存在混合策略。在不完全信息静态博弈中，博弈方的行动同时发生，没有先后顺序，因此，没有任何博弈方能够有机会观察其他博弈方的选择。每个博弈方虽然不知道其他博弈方实际选择什么策略，但是，只要知道其他博弈方有关类型的概率分布，他就能够正确地预测其他博弈方的选择与其各自的有关类型之间的关系。因此，该博弈方选择的依据就是在给定自己的类型，以及其他博弈方的类型与策略选择之间关系的条件下，使得自己的期望得益最大化。

企业动态博弈示意如图 5.1 所示。

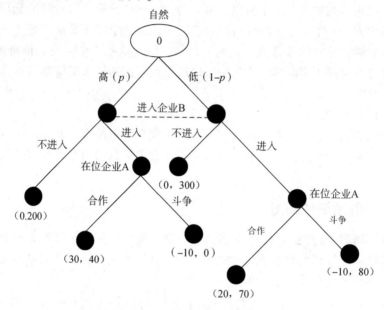

图 5.1 企业动态博弈示意

"市场进入"博弈中，企业 B 想要进入已经被企业 A 所占据的市场，但是它并不知道企业 A 是会阻止还是会默认进入，如果是阻止的话，企业 A 是会高成本的阻止还是低成本的阻止，企业 B 也是不知道的，但是它可以根据企业 A 对这些类型所采取的策略的概率来制定自己的策略。假设企业 A 采取高成本阻止策略的概率为 p，则企业 A 采取低成本策略的概率是 $1-p$。如果企业 A 采取阻止成本比较高，那么企业 A 其实就是默许企业 B 进入市场。如果企业 A 采取阻止成本比较低，那么企业 A 就会阻止企业 B 的进入。

在以上两种情况下，企业 B 的得益分别为 30 和 -10。所以，企业 B 选择进入的期望得益为 $30p + (-10)(1-p)$；选择不进入的期望得益为 0。显然，只要企业 B 选择进入的期望得益大于不进入的期望得益，企业 B 就应该选择进入；否则，企业 B 就会选择不进入市场。因此，贝叶斯纳什均衡的策略就是：企业 B 选择进入，高成本在位企业 A 选择默许，而低成本在位企业 A 选择阻止。

1. 名词解释：不完全信息静态博弈、静态贝叶斯均衡。
2. 简答题。
(1)暗标拍卖的特征有哪些？
(2)海萨尼转换的具体含义是什么？
3. 暗标拍卖的博弈中，如果各个博弈方在竞争过程中仍然是最高价者中标，并且投标的标价方的估价标准分布在[0，1]，但是一共有 n 个博弈投标者，那么该博弈的线性策略贝叶斯均衡是什么？

参考答案

1. 答：(1)不完全信息静态博弈：不完全信息静态博弈是博弈的一种类型。参与人同时选择行动，或虽非同时但后行者并不知道先行者采取了什么具体行动；每个参与人对其他所有参与人的特征、策略空间及得益并没有准确的认识。

(2)静态贝叶斯均衡：由于静态贝叶斯博弈可以看作是先由"自然"选择各博弈方的类型，然后再由各博弈方同时进行策略选择的动态博弈，因此静态贝叶斯博弈中各博弈方的一个策略，就是他们针对自己各种可能的类型如何进行选择的完整计划。

2. 答：(1)暗标拍卖的特征：密封递交标书；统一时间公正开标；标价最高者以所报标价中标。

(2)海萨尼转换的具体含义：海萨尼转换在假定参与人拥有私人信息的情况下，其他参与人对特定参与人的得益函数类型是不清楚的。如果一些参与人不知道另一些参与人的得益函数，或得益函数不是共同知识，参与人就不知道他在与谁博弈，博弈的规则是没有定义的。

3. 解：设 n 个人的估价分别是 $v_1, v_2, \cdots, v_n$，并设它们都采用如下的线性策略 $b_i = \theta_i v_i$，那么投标者的期望得益为：

$$Eu_i = (v_i - b_i) \prod_n P\{b_i > b_j\} = v_j(1-\theta) \prod_n P\{v_j < \frac{\theta_i}{\theta_j} v_i\}$$

$$= v_i(1-\theta_i) \prod_n \frac{\theta_i}{\theta_j} v_i = (\theta_i^{n-1} - \theta_i^n) v_i^n \prod_n \frac{1}{\theta_j}$$

令

$$\frac{\partial Eu_i}{\partial \theta_i} = ((n-1)\theta_i^{n-2} - n\theta_i^{n-1}) v_i^n \prod_n \frac{1}{\theta_j} = 0$$

解得：

$$\theta_i = \frac{n-1}{n} = 1 - \frac{1}{n} (i = 1, 2, \cdots, n)$$

这意味着投标者的策略是：$b_i = \theta_i v_i = \frac{n-1}{n} v_i$。由于所有投标者都相同，因此每一个投标者都把自己估价的 $\frac{n-1}{n}$ 倍作为自己的报价是该博弈的一个线性策略的贝叶斯 Nash 均衡。

第六章　不完全信息动态博弈

　　本章介绍不完全信息动态博弈理论，首先用黔驴技穷的故事引出不完全信息的动态博弈问题。黔驴技穷讲的是：在古代贵州的山里没有驴，有个商人从外地牵来一头驴，商人把驴放在山下吃草。有一天，从山上跑下来一只老虎，这只老虎从来没有见过驴，突然看见这么大一只动物，非常震惊，于是慌忙躲进树丛，偷偷地观察驴的动作。老虎的战略是：如果自己弱，那就只能逃跑，如果自己强，那就饱餐一顿。由于老虎并不了解驴，老虎不断试探，通过试探，修正对驴的看法。如果驴表现得特别温顺，老虎就认为驴是食物的概率较大。起初驴没有反应，老虎认为驴不像敌人，胆子越来越大。后来驴大叫，老虎以为驴要吃它，吓得逃走。跑了一阵，后面发觉又无动静，于是继续试探。直到驴踢老虎，老虎才觉得驴"仅此技耳"，于是采取最优行动——吃驴。

　　在老虎与驴的博弈中，刚开始老虎并不了解驴的实力，老虎与驴的行动有先有后，当老虎采取行动后，驴的行动会给老虎的判断提供一些支撑信息。老虎可以观察驴的行为来不断修正自己对驴的判断，最终实现自己的目的，这种博弈就是不完全信息动态博弈。现实生活中不完全信息动态博弈的例子比比皆是，下面将进一步讨论探究其概念、特征及分析方法。

6.1　不完全信息动态博弈及转换

6.1.1　概念

　　在古玩市场中，每一次交易都可能给双方带来困惑。如果买方购买的价格比预想的更贵，他就会想能否进行讨价还价。而卖方如果卖的比预想的便宜，那么他就会想能否再加点价。另外，买古玩的人也分内行和外行，内行人可能会出现捡便宜的情况，外行人也可能会出现亏本的买卖。古玩市场的交易复杂，会出现很多情况。其原因就是古玩鉴定估值困难。

　　鉴定古玩的真伪品质需要很丰富的知识和经验，所以买到仿冒品的比比皆是，把真品看成赝品的也经常发生。所以古玩的价格在很大程度上受主观评价和市场的影响，从而造成估值很困难。另外还有一个原因，就是难以了解对方的估价。买方想要买到便宜的真品，而卖方想要买方既验不出真品又能收买方一个不低的价格。但是古玩交易利益的大小更取决于对手接受什么价格,而不是自己想要什么价格;而对手接受什么价格,更取决于对手的估值和交易的迫切性。古玩买方主要根据物品转卖价格估价,而卖方主要依据进价和销路估价,买卖双方估价常常差别很大,而且双方都有相互欺瞒、误导的动机,因此掌握对手的真实估价往往很困难,结果就是怎么交易都无法让买方确信划算,卖方也总会怀疑是否还能赚更多的利润。

在古玩交易中,如果交易者严重缺乏估价能力,无法形成自己的合理估值,交易行为就缺乏可靠的规律,就很难进行研究。所以,我们假设交易双方有自己明确的价值判断,至少有一方是不知道对方的估价的,也就是说双方都清楚自己的得益是多少,且至少有一方不知道对方的得益,因此这是不完全信息博弈。又因为古董交易中两方的博弈不是同时进行的,一般是卖方报价,买方还价,直至达成交易或者是不进行交易。

因此,部分博弈方不完全了解其他博弈方得益情况的博弈是不完全信息博弈,又因为博弈方的行为有先后次序,所以把这种问题,称为不完全信息动态博弈。

6.1.2 不完全信息动态博弈的典型案例

1. 艺术品拍卖问题

拍卖市场最典型的特征是信息不对称,除了艺术品的真实价格到底如何让人琢磨不透以外,其他卖家愿意以多少价格买走艺术品也无从得知。对于买家来说,出价太低担心心仪的艺术品落入他人之手,出价太高又担心买到的艺术品与实际价值不符,造成亏损。艺术品的价值很大程度上受主观的影响,无法有一个准确的标准定价;而且买方无法真正了解其他买家的真实意愿,艺术品的拍卖很大程度上取决于其他买家愿意出什么价格,而对手买家的出价取决于对手的估价,但对手的估价无从得知。真实的情况是:众多买方来到拍卖市场,假设每个人都清楚自己对心仪艺术品的估价,但不清楚对手对该艺术品的估价,于是在拍卖中,通过叫价,不断试探对方,通过试探,不断修改自己对对手意愿的判断。在拍卖过程中一方首先叫价,另一方再出更高的价,直到交易达成,因此这是一个不完全信息动态博弈问题。

实际上不止艺术品拍卖是不完全信息动态博弈,任何交易在一定程度上都可以说是不完全信息动态博弈,因为多数情况下交易一方对另一方究竟有多想做成这笔交易是无法完全清楚的,而且多数情况下交易一方也无法知道交易另一方到底能接受什么样的价格。

2. 员工招聘中的不完全信息动态博弈

当求职者向一家公司投递简历,此时该求职者的学历和成绩是该求职者争取高工资的筹码,同时学历和成绩也是招聘者提出工资待遇的支撑信息。但是由于学历和成绩在求职者和招聘者心里的估值不同,对于求职者来说担心招聘者提出的工资太低,与自己的学历和成绩不符,而对于招聘者来说担心提出的工资过高导致损失。一般来说,求职者对学历和成绩估值偏高,而招聘者对学历和成绩估值偏低,因此求职者和招聘者的估值存在偏差。又因为在招聘过程中招聘者首先根据自己的估值提出薪资待遇,求职者根据自己的预期及招聘者给出的信息提出自己的要求,直至招聘成功或失败,因此这是一个不完全信息动态博弈问题。

3. 卧底类游戏中的动态博弈

卧底类游戏是当下较受欢迎的游戏类型。大致的游戏规则为:假设有十个人同时参与游戏，十个人同时抽取需要描述的词语，其中有七个人抽取的词语相同，即为好人；剩下的三个人抽取到的词语是与七个人抽到的词语相关的另一个词语，即为卧底。各自拿到词语之后，十个人轮流描述自己的词语，在描述的过程中，好人要给同伴暗示但不能让卧底发现，卧底要在描述的过程中尽量猜到好人的词语，隐藏自己不被发现。当所有人都描述完自己的词语后，十个人投票选出怀疑是卧底的人，得票最多的人出局。之后再次描述，直至卧底胜出或者好人获胜。在这个游戏中，每个人知道自己的词语，但不知道别人的词语，即使别人描述的词语与自己的意思一致，也无法相信对方，因此这是一个不完全信息的博弈，又因为每次描述完投票再进入下一轮，直至好人获胜或者坏人获胜，因此这是一个不完全信息的动态博弈。

6.2 声明博弈

6.2.1 声明和信息传递

声明博弈也是一种不完全信息动态博弈。发布声明是社会经济中的常见行为，小到消费者表明偏好，大到企业发布业绩预告，或者宣称发现油气资源，以及国家公布贸易政策等，都可以看作某种形式的声明。声明本身不会对各种利益产生直接影响，但往往能够影响听受者的行为，并通过听受者的行为选择对各方利益产生间接影响。当然，声明能否产生影响以及产生怎样的影响，既取决于声明的内容，也取决于听受者对声明的理解和反映。因此，发布声明者和对声明的反应者构成了一种动态博弈关系。声明的内容通常是与双方最终利益有关的发布方自身情况，发布声明本身证明了声明博弈必然有不完全信息的特征，是不完全信息的动态博弈。

6.2.2 离散型声明博弈

下面看一个简单的例子。鹰鸽博弈讲的是冷战时期美国与苏联之间的博弈。作为世界上的两个超级大国，在一些政治问题上，若双方都态度强硬，极易造成冲突，从而造成不可估量的损失。若其中一个国家态度强硬，另一个国家选择软弱，从而软弱的国家受到损失，但这个损失在可控范围之内。这就是典型的鹰鸽博弈。将该博弈抽象成信号博弈，假设其中一个国家是声明方，此时可以发布两种类型的声明，即强势声明 t_1 和友好声明 t_2，而另一个国家有两种可能的行为，即强硬 a_1 和软弱 a_2。此时双方的得益矩阵如表 6.1 所示。

表 6.1 能传递信息的 2×2 声明博弈得益矩阵

		行为方行为	
		a_1	a_2
声明方类型	t_1	2, 1	1, 0
	t_2	1, 0	2, 1

根据以上得益矩阵可知，当声明方类型为强势声明 t_1 时，行为方行为为强硬 a_1；当声明方类型为友好声明 t_2 时，行为方行为为软弱 a_2。反之当行为方行为分别为强硬 a_1、软

弱 a_2 时，声明方类型分别选择 t_1、t_2 时，得益才会大。在这个博弈中声明方强势声明类型和友好声明类型分别偏好不同的行为强硬和软弱。因此两个博弈方的偏好一致，由于这种偏好的一致性声明方愿意让行为方了解自己的真实类型，行为方也完全相信声明方的声明。在这种情况下，声明就能有效地传递信息。

我们已知学历是求职者向招聘市场发出的一种声明。当求职者向公司提供简历时，此时求职者可以发布两种类型的声明，即学历高 t_1 和学历低 t_2，此时招聘者有两种可能的行为，即招聘 a_1 和拒绝 a_2。此时的得益矩阵如表 6.2 所示。当声明方类型为学历高 t_1 时，行为方行为为招聘 a_1；当声明方类型为学历低 t_2 时，行为方行为为拒绝 a_2 获得的得益更多。反之当行为方行为分别为招聘 a_1、拒绝 a_2 时，声明方会采取学历高 t_1 类型来获取更多得益。因此声明方为了使行为方采取有利于自己的行为，两种类型的声明都会宣称自己的类型是学历高 t_1，显然这种声明是不可信的。

表 6.2 不能传递信息(不同类型声明方偏好相同)的声明博弈得益矩阵

		行为方行为	
		a_1	a_2
声明方类型	t_1	2, 1	1, 0
	t_2	1, 0	1, 1

如果得益矩阵如表 6.3 所示，不管声明方是哪种类型，行为方都会选择 a_1；但当行为方为 a_1 时，声明方会选择 t_1 类型；当行为方为 a_2 时，声明方会选择 t_2 类型。这时候声明也无法传递信息。

表 6.3 不能传递信息(行为方对声明方类型无差异)的声明博弈得益矩阵

		行为方行为	
		a_1	a_2
声明方类型	t_1	2, 1	1, 0
	t_2	1, 1	2, 0

如果得益矩阵如表 6.4 所示，当声明方类型为 t_1 时，行为方行为是 a_2；当声明方类型为 t_2 时，行为方行为是 a_1。而当行为方行为为 a_1 时，声明方类型会选择 t_1；当行为方行为为 a_2 时，声明方类型会选择 t_2。这时候声明方与行为方偏好相反，声明无法传递信息。

表 6.4 不能传递信息(声明方与行为方偏好相反)的声明博弈得益矩阵

		行为方行为	
		a_1	a_2
声明方类型	t_1	2, 0	1, 1
	t_2	1, 1	2, 0

通过以上分析，我们可以得出 2×2 声明博弈中声明有效传递信息的几个条件。
(1)不同类型的声明方必须偏好行为方不同的行为。
(2)对于声明方不同的类型，行为方必须偏好不同的行为。
(3)行为方的偏好必须与声明方的偏好一致。

6.2.3 连续型声明博弈

跟离散型声明博弈不同，连续型声明博弈中的博弈方的类型是连续分布的。连续型声明博弈比较客观，可以代表成本、价格等经济指标。在日常生活中，也常常出现连续型声明博弈，例如购买东西的过程中，买方与卖方之间就存在博弈。

以卖方和买方为例来讨论连续型声明博弈。卖方在提供产品时会给买方传递价格信号，而传递价格类型标准分布于区间 $M=[0,1]$，买方的行为空间为 $C=[0,1]$。再假设卖方的得益函数为 $R_s(m,c)=-[c-(m+\theta)]^2$，买方的得益函数为 $R_b(m,c)=-(m-c)^2$。其中 m 为声明类型，c 为声明方希望行为方的行为，θ 为声明方和行为方偏好的差距。

对于卖方传递价格类型区间我们目前简单分为低价区间 $[0,x_1)$ 和高价区间 $[x_1,1]$，当然也可以分更多区间，为了更好地理解，我们目前先分两个区间进行讨论。买方对应卖方的两个区间也会有不同的行为，根据期望利益最大化的分析方法，买方收到卖方传递的低价信息区间时所对应的最佳行为是 $\dfrac{\frac{x_1}{2}+\frac{x_1+1}{2}}{2}>m+\theta$，在收到卖方传递的高价信息区间时所对应的最佳行为是 $\dfrac{x_1+1}{2}$。我们反过来思考，卖方经验丰富，能够了解到买方所对应的最佳行为，那么卖方如果愿意传递低价信息偏好于买方所对应的行为，这就意味着传递低价信息的得益要大于传递高价信息的得益。反之，如果卖方愿意传递高价信息偏好于买方所对应的行为，必须要求传递高价信息的得益大于传递低价信息的得益。

根据卖方的得益函数 $R_s(m,c)=-[c-(m+\theta)]^2$，可以看到卖方实现最大利益的买方行为是 $c=m+\theta$，只要买方的行为离 $m+\theta$ 越近，卖方的得益就越大。因此买方对卖方行为的偏好两边对称 $m+\theta$ 点。因此，卖方的类型应该处于什么位置，才能使卖方的得益最大？

当 $\dfrac{\frac{x_1}{2}+\frac{x_1+1}{2}}{2}>m+\theta$ 时，卖方类型会偏好于买方的 $\dfrac{x_1}{2}$ 的行为。

当 $\dfrac{\frac{x_1}{2}+\frac{x_1+1}{2}}{2}<m+\theta$ 时，卖方类型会偏好于买方的 $\dfrac{x_1+1}{2}$ 的行为。

为了使两部分合并均衡存在，两区间的临界点 x_1 也应该满足条件：当卖方的类型处于 x_1 时，卖方最喜欢的买方的类型是 $x_1+\theta=\dfrac{\frac{x_1}{2}+\frac{x_1+1}{2}}{2}$，化简得 $x_1=0.5-2\theta$。

要使结果符合实际情况，有 $x_1=0.5-2\theta>0$，解得 $\theta<0.25$。也就是说只有当 $\theta<0.25$ 时，两部分才能够均衡存在。当 $\theta\geq 0.25$ 时，双方的偏好差距太大，那么这就是一个不均衡的博弈，也就不能产生博弈。

讨论完两个区间类型的卖方，我们再来讨论下拥有更多区间类型的卖方，区间类型越多，卖方想要传递的价格区间就越清晰。在分析两个区间的时候，所分的两个区间并不是等长的，接着上面讲 $x_1 = 0.5 - 2\theta$，第一个区间长度为 $x_1 - 0 = 0.5 - 2\theta$，后一个区间长度为 $1 - x_1 = 0.5 + 2\theta$，两个区间长度差为 4θ。这对于多个区间的合并均衡讨论也适用。证明如下：我们假设将卖方的价格类型区间划分为 n 个区间，选其中的一个小区间 $[x_k, x_{k+1}]$，设这个区间的长度为 b，即 $x_{k+1} - x_k = b$，在这个区间内买方所对应的最佳行为 $\frac{x_{k+1} + x_k}{2}$，对于后一个区间 $[x_{k+1}, x_{k+2}]$，买方做对应的最佳行为是 $\frac{x_{k+1} + x_{k+2}}{2}$，对于两个区间的交界处 x_{k+1}，卖方最喜欢的买方行为是 $x_{k+1} + \theta = \dfrac{\frac{x_k + x_{k+1}}{2} + \frac{x_{k+1} + x_{k+2}}{2}}{2}$，又因为 $\frac{x_{k+1} + x_k}{2} = \frac{x_{k+1} - b + x_{k+1}}{2} = x_{k+1} - \frac{b}{2}$，代入上式得 $x_{k+1} + \theta = \frac{1}{2}(x_{k+1} - \frac{b}{2} + \frac{x_{k+1} + x_{k+2}}{2})$，化简得 $x_{k+2} - x_{k-1} = b + 4\theta$。

综上我们可以得出一定结论：(1)卖方要偏好买方在低价区间所对应的行为，既得利益必须大于高价区间的类型得益，反之也成立。(2)双方的偏好差距 $\theta < 0.25$ 时，两部分区间才能够合并均衡存在。当 $\theta \geq 0.25$ 时，双方行为偏好差距过大，处于不均衡的状态。(3)在分为多个区间时，后一个区间比前一个区间多 4θ 的长度。

6.3 信号博弈

无论是信息持有者还是信息缺失的一方，信息的完整程度均会对其造成不同程度的影响。例如，在恋爱的情境里，两个相爱的人希望把自己最好的一面展示出来，以吸引对方的注意；在二手汽车买卖过程中，销售方通常倾向于提供车辆真实的性能数据，以使买方能更准确地评估其价值。如果求职者的实际技能被隐藏起来，雇佣单位则无法得知他们的真正实力。那些没有足够信息的人总是试图尽快获取更多的资讯来弥补自身的不足，避免因信息不完善而带来潜在风险。然而，这种行为仅仅涉及信息披露的问题之一：如实告知他人你的所有相关信息。另一个重要的问题则是关于虚假及不可靠的信息传播。一些人为了达到某种目的，常常选择掩盖真相或者撒谎，使其他人难以分辨出信息的真实性。例如，一个人可以假装他是一个道德高尚的人，实际上他却非常糟糕。所以，在信息不全面和不平等的状况下，如何识别并应对信息传递中的不完整性是一项相当棘手的任务。

众所周知，如果两个对立方的偏好与利益完全相符，即便没有付出任何代价的"无言承诺"也能成功传达信息。然而，一旦他们的立场出现分歧，那么这个方式便不再具备有效的沟通功能。这时，掌握信息的一方可能会产生欺诈行为，从而影响整体的信息传输流程。例如，当前很多高校都倾向于聘请具有博士学历的人员担任教学职务，这使博士学位成为选拔年轻教师的主要依据之一。尽管并非所有持有博士学位的人都能胜过那些较低学历的人才，但在实际操作中，通常情况下他们确实能在研究能力和全面素质上超越后者。此外，获取博士学位所需的时间及精力投入远超出其他人所能承受的范围，因此这一过程产生的巨大成本本身就是一种可靠的信号，暗示着该人士的能力水平较高。这就是斯彭塞（Spence）提出的关于文凭作为劳动者向雇主发出信号的理论的核心观点。

信号博弈，指的是研究有信息传递作用的信息机制的模型，信号博弈的基本特征是博弈方分为信号发出方和信号接收方两类，先行动的信号发出方的行动，对后行动的信号接收方来说，具有传递信息的作用。信号博弈其实是一类具有信息传递机制的动态贝叶斯博弈的总称，许多博弈或信息经济学问题都可以归结为此类博弈。

很显然，声明博弈可以看作信号博弈的特例，声明博弈中的声明方相当于信号发出方，行动方相当于信号接收方。只不过声明博弈中信号发出方的行动是既没有直接成本，也不会直接影响各方利益的口头声明，而一般信号博弈模型中信号发出方的行动通常本身就是有意义的经济行为，既有成本代价，对各方的利益也有直接的影响。

例如，工人受教育或通过职业资格考试，能向雇主传递工人素质能力方面的信息，但受教育和通过考试都是有代价的，对劳动生产率和双方的利益也有直接影响，这与工人只要做一个大于自己能力的口头声明显然不是一回事，在可信性方面和对决策的影响方面都有差异。因此，声明博弈只是信号博弈的特例，而信号博弈则是声明博弈的一般化，是研究信息传递机制更重要的一般模型，也是信息经济学的核心内容。

6.3.1 信号的传递和机制

一种行为要成为能够传递信息的信号，能够形成一种信号机制，关键在于它们必须都是有成本代价的行为。如果一种行为没有成本，或者不同品质的信号发出方采用这种行为的成本没有差异，那么品质差的信号发出方会伪装成信号好的发出方，从而使信号机制失去作用。例如，获得博士学位和获得学士学位一样容易的话，那么博士学位获得者就不会得到社会和用人单位的重视，从而获得更高的社会地位。

商品市场的信息往往是不完整的信息，因为消费者通常只知道他们购买的商品，并不总是能够识别产品的真实质量或假冒伪劣商品。所以，所谓的"逆向选择"很容易出现：劣质产品驱赶优质产品，市场完全失灵。比如，当公司打折低价销售商品时，不确定会卖多少商品，因为不确定消费者对商品信息的把握程度。在资本市场上，投资者在复杂的股市博弈中承担更大的风险，因为他们没有关于上市公司交易的完整信息。因此，在商品市场上，生产经营的优质商品应与其他企业的劣质商品不同。如果他们做不到这一点，他们可能会比假冒伪劣商品更早地被赶出市场。然而，生产高质量产品的企业仅仅声称自己的产品是高质量也是不够的，因为生产高质量产品的企业这样做没有成本或只有少量的广告成本，假冒伪劣企业也可以这样做。生产高质量产品的企业只能通过某种有成本，而且如果产品质量越差成本越高的方法来传递自己产品质量的信息。

由于具有昂贵成本的承诺能够成功地将不同质量特征的产品区别开来，由于成本承诺成功区分不同质量特征的产品，消费者可以购买货真价实的商品，诚实经营企业的利益可以得到有效保护，假冒伪劣企业要么转向诚实经营，要么被淘汰，因此上述"信号机制"在提高社会经济活动效率、鼓励诚信管理方面发挥积极作用，是保证经济正常运行和经济发展的有效制度安排。

信息的完全与否对拥有信息和缺乏信息的各方来说都会产生影响。对拥有个人信息的博弈方来说，虽然有时保守秘密对自己有利，但许多情况下他也希望将私人信息传递给别人。比如，恋爱中的双方可能都希望把自己较好的综合能力的信息完全传递给对方，以赢得对方的好感。再如，拥有较好的旧车的销售方希望将自己旧车质量的真实信息传递给买方,希望买方能够了解车的真实情况。同样,当大学毕业生有真才实学的时候,也非常想让招聘的公司或企业了解自己的真实水平。对缺乏信息的博弈方来说,当然更希望尽可能快且多地掌握信息,以摆脱自己的信息不完全状况,并减少由此可能造成的损失。不过这只是信息传递问题的一个方面,即诚实地(真实地)向信息接收方表达自己的各种信息。但信息传递问题的另外一个方面,就是信息传递的非真实性和非可靠性。许多拥有私人信息者往往有故意隐瞒和欺骗的动机,而缺乏信息又很难判断信息的真伪。仍以恋爱问题为例,可能一个品质恶劣、能力低下的人故意隐瞒自己的真实情况,反而把自己伪装成一个品德高尚的人。因此,在信息不完全、不对称的情况下,如何识别和克服信息传递中的不完全性,是一件比较困难的事。

在信息博弈中,具有信息传递作用的行为称为"信号",通过信号传递信息的过程则称为"信号机制"。

从前面所举例子中不难发现,一种行为要成为能够传递信息的信号,能够形成一种信号机制,关键并不是它是否具有实际意义,而在于它们必须都是有成本代价的行为,而且通常对于不同"特征"的发信号方,成本代价要有差异。如果一种行为没有成本,或者不同"特征"的发出方采用这种行为的成本代价没有差异,那么"特征"差的发出方会发出与"特征"好的发出方同样的信号,以伪装"特征"好,从而使信号机制失去作用。

6.3.2 信号博弈模型和完美贝叶斯均衡

1. 信号博弈模型

信号博弈是研究具有信息传递特征的信号机制的一般非完全信息动态博弈模型。信号博弈的基本特征是两个(或两类,每类又有若干个)博弈方,分别称为信号发出方(Sender)和信号接收方(Receiver),他们先后各选择一次行为。其中,信号接收方具有不完全信息,但他们可以从信号发出方的行为中获得部分信息,信号发出方的行为对信号接收方来说,好像是一种(以某种方式)反映其有关得益信息的信号。这也正是这类博弈被称为信号博弈的原因。由于信号博弈也是动态贝叶斯博弈,因此也可以通过海萨尼转换直接表示成完全但不完美信息动态博弈。

假设企业甲要进入市场,由博弈方0即自然按一定的概率在信号发出方的类型空间随机选择一个类型告诉企业甲,假设该概率分布为 $P=\{p(t_1), p(t_2), p(t_3), \cdots, p(t_I)\}$,然后该企业可以选择一系列产品售价来进入市场,我们称企业甲为信号发出方,用 S 表示。此时市场中的企业乙不知道企业甲的真实类型,但是可以观察企业甲发出的信号来判断,我们称企业乙为信号接收方,用 R 表示。企业乙接收到甲的信号之后将采取一系列的产品价格进行应对,用 $T=\{t_1, t_2, t_3, \cdots, t_I\}$ 表示 S 的类型空间,用 $M=\{m_1, m_2, m_3, \cdots, m_j\}$ 表示 S 的行为空间,用 $A=\{a_1, a_2, a_3, \cdots, a_k\}$ 表示 R 的行为空间。用 US,UR 分别表示 S 和 R 的得益。此时企业进入的信号博弈可以表示为:

(1)博弈方0即自然以概率 $p(t_i)$ 在企业甲的类型空间随机选择一个类型 t_i,并告诉企业乙。

(2)企业甲即信号发出方选择行为 m_i。

(3)企业乙即信号接收方根据企业甲的行为做出自己的行为 a_i。

（4）企业甲和企业乙的得益关键在于企业甲的空间类型 t_i 和行为选择 m_i 以及企业乙的行为选择 a_i。

2. 信号博弈的完美贝叶斯均衡

通过学习上一章我们得知，不完全信息的静态博弈可以通过海萨尼转换变为完全但不完美信息动态博弈，所以信号博弈可以表示为完全但不完美信息的动态博弈。假设上述市场进入例子中，概率分布为 $\{p, 1-p\}$，$T = \{t_1, t_2\}$，$M = \{m_1, m_2\}$，$A = \{a_1, a_2\}$。在这个博弈中博弈方 0 即自然以一定的概率在企业甲的类型空间中随机选择一个类型，则企业甲和企业乙各有四种策略。

（1）对企业甲即信号发出方来说：

①信号发出方的策略 $S(1)$：若博弈方 0 选择 t_1，企业甲选择 m_1；若博弈方 0 选择 t_2，企业甲还是选择 m_1。

②信号发出方的策略 $S(2)$：若博弈方 0 选择 t_1，企业甲选择 m_1；若博弈方 0 选择 t_2，企业甲选择 m_2。

③信号发出方的策略 $S(3)$：若博弈方 0 选择 t_1，企业甲选择 m_2；若博弈方 0 选择 t_2，企业甲选择 m_1。

④信号发出方的策略 $S(4)$：若博弈方 0 选择 t_1，企业甲选择 m_2；若博弈方 0 选择 t_2，企业甲还是选择 m_2。

（2）对企业乙即信号的接收方来说：

①信号接收方的策略 $R(1)$：若企业甲选择 m_1，企业乙选择 a_1；若企业甲选择 m_2，企业乙还是选择 a_1。

②信号接收方的策略 $R(2)$：若企业甲选择 m_1，企业乙选择 a_1；若企业甲选择 m_2，企业乙选择 a_2。

③信号接收方的策略 $R(3)$：若企业甲选择 m_1，企业乙选择 a_2；若企业甲选择 m_2，企业乙选择 a_1。

④信号接收方的策略 $R(4)$：若企业甲选择 m_1，企业乙选择 a_2；若企业甲选择 m_2，企业乙还是选择 a_2。

在信号发出方的策略 $S(1)$ 和 $S(4)$ 中，我们可以发现，不论博弈方 0 的选择是什么，企业甲都会选择自己心仪的行动；在信号接收方的策略 $R(1)$ 和 $R(4)$ 中，不管企业甲的行动是什么，企业乙都会选择自己心仪的行动。图 6.1 为市场进入 $R(1)$ 模型。

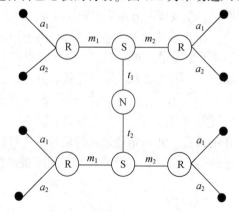

图 6.1　市场进入 $R(1)$ 模型

根据图 6.1，我们可以推出完美贝叶斯均衡的条件是：

(1) 信号接收方 R 在观察到信号发出方 S 的信号后，必须有关于 S 的类型判断。

(2) 给定信号接收方 R 的判断 $p(t_i | m_i)$ 和信息发出方的信号 m_i，R 的行为必须使 R 的得益最大。

(3) 给定信号接收方的行为 a_i 和信号发出方的行为，必须使 S 的得益最大。

(4) 对于信号发出方的每个行为，存在信号发出方的类型 t_i 使该类型对应一种信号发出方的行为。

6.3.3 导师和学生双向选择中的信号传递模型

在导师和学生双向选择问题上，假设图 6.2 中 QQ' 线代表不同能力素质的学生对应的论文产出率的线性函数关系。

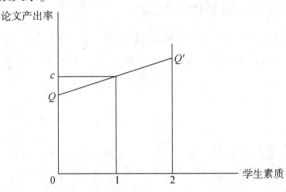

图 6.2　学生素质与论文产出率

为了找到高能力素质的学生，导师可以进行挑选考试。如果导师随机选择报名的学生，那么所挑选学生的平均期望素质为 1，所对应的平均期望论文产出率为 c。假设学生满足学历要求或者通过挑选考试的成本为图 6.3 的 SS' 线，这是一个减函数，这说明学生的素质越高，那么通过考试的成本越低。而学生成功喜爱导师的利益假设为 a，那么学生给导师传递教育信息的成本应低于 a，对应的是素质低于 e 的学生，这样就会导致学生有发布信号的意愿。如果素质低于 e 的学生发布教育信息信号的成本高于成功选择喜爱导师的利益 a，那么学生就会没有传递教育学历信号的意愿。对此，据分析，导师就会知道应该采取什么样的策略。导师可以拒绝掉学习素质低于 e 的学生，应聘学生的平均期望素质达到了 $(e+2)/2$，对应论文产出率的信号成本为 b。因此，即使学习本身对提高人们的素质和生产率没有作用，导师在招聘学生时也会把教育背景作为基本要求也是有意义的。另外，在学生论文产出率和发教育信号成本一定的情况下，发信号所获得得益 a 可以决定发信号学生的素质下限 e，也决定所招学生论文产出率的平均水平。a 越小，发信号的学生越少，平均素质就越高。当然，如果选择的学生数量太少是没有办法满足导师学术评估的要求的，并且由于两者选择的竞争力激烈，如果导师的综合素质较低会导致学生选择别的导师，因此导师的综合素质水平会影响学生的选择。

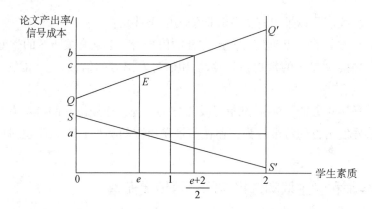

图 6.3 信号机制的存在和作用

6.3.4 企业并购中的信号传递模型

在企业并购过程中,并购双方所掌握的并购信息是不对称的,并购企业总是处于信息不利的地位。目标企业的管理水平、产品开发能力、机构效率、投资政策、财务政策以及未来生产经营情况等因素将会影响企业未来的价值,但并购企业并不完全了解这些信息,因此,企业并购中存在信息不对称现象。

1. 基本假设

(1) 假定有两个博弈方,即并购企业和目标企业,其中并购企业为信号接收方,目标企业为信号发出方,且并购交易成功与否只取决于并购双方,不考虑其他影响因素。目标企业的类型空间为 $T = \{t_1, t_2\}$。

(2) 理性经济人假设,即并购双方在博弈中均会在给定的情况下选择使自己得益最大的策略。

(3) 目标企业的价值有好和差两种情况,即目标企业的类型空间为 $T = \{t_1, t_2\}$。其中 t_1 表示目标企业价值好,t_2 表示目标企业价值差。

(4) 目标企业的可选择策略为高价和低价两种,高价为 P_h,低价为 P_l。

(5) 并购企业的可选择策略为并购和不并购,并购为 A_Y,不并购为 A_N。

(6) 目标企业的质量好其市场价值为 V_g,质量差其市场价值为 V_b。被并购企业并购后其产生的市场价值为 U_g 和 U_b。同时令 $U_g > V_g$,$U_b > V_b$。

(7) $U_g - P_h > U_b - P_l > 0$,且 $U_b - P_h < 0$;$P_h > V_g$,$P_l > V_b$,$P_l - V_g < 0$。

(8) 并购企业对目标企业的质量好的先验概率为 $p(t_1)$,对目标企业质量差的先验概率为 $p(t_2) = 1 - p(t_1)$。并购企业对目标企业质量好的后验概率为 $p(t_1 | P_h)$ 和 $p(t_1 | P_l)$,对目标企业质量差的后验概率为 $p(t_2 | P_h) = 1 - p(t_1 | P_h)$ 以及 $p(t_2 | P_l) = 1 - p(t_1 | P_l)$。

2. 并购企业和目标企业的博弈过程

(1) 由博弈方 0 即自然以一定的概率在目标企业的类型空间选择一个类型 θ 并告诉目标企业,但并购企业不知道,并购企业只知道目标企业质量好的先验概率为 $p(t_1)$ 和目标企业质量差的先验概率为 $p(t_2)$。

(2) 目标企业根据自己的质量类型选择发送信号 P_h 和 P_l。

(3) 并购企业根据目标企业的信号得到对目标企业质量好的后验概率为 $p(t_1 | P_h)$ 和

$p(t_2 | P_1)$，对目标企业质量差的后验概率为 $p(t_2 | P_h)$ 和 $p(t_2 | P_1)$。

(4)并购企业根据后验概率选择行动并购 A_Y 和不并购 A_N。

图6.4为企业并购的信号博弈模型。

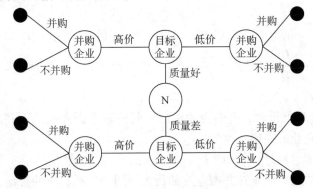

图6.4　企业并购的信号博弈模型

3. 企业并购模型中目标企业和并购企业的策略

(1)对目标企业来说：

①目标企业的策略 $S(1)$：若博弈方0选择质量好 t_1，目标企业选择高价 P_h；若博弈方0选择质量差 t_2，目标企业还是选择高价 P_h。

②目标企业的策略 $S(2)$：若博弈方0选择质量好 t_1，目标企业选择高价 P_h；若博弈方0选择质量差 t_2，目标企业选择低价 P_1。

③目标企业的策略 $S(3)$：若博弈方0选择质量好 t_1，目标企业选择低价 P_1；若博弈方0选择质量差 t_2，目标企业还是选择低价 P_1。

④目标企业的策略 $S(4)$：若博弈方0选择质量好 t_1，目标企业选择低价 P_1；若博弈方0选择质量差 t_2，目标企业选择高价 P_h。

(2)对并购企业来说：

①并购企业的策略 $R(1)$：若目标企业选择高价 P_h，并购企业选择并购 A_Y；若目标企业选择低价 P_1，并购企业还是选择并购 A_Y。

②并购企业的策略 $R(2)$：若目标企业选择高价 P_h，并购企业选择并购 A_Y；若目标企业选择低价 P_1，并购企业选择不并购 A_N。

③并购企业的策略 $R(3)$：若目标企业选择高价 P_h，并购企业选择不并购 A_N；若目标企业选择低价 P_1，并购企业还是选择不并购 A_N。

④并购企业的策略 $R(4)$：若目标企业选择高价 P_h，并购企业选择不并购 A_N；若目标企业选择低价 P_1，并购企业选择并购 A_Y。

4. 目标企业和并购企业的得益分析

(1)当目标企业出高价时，并购企业根据后验概率选择并购或不并购，如并购企业选择并购，此时并购企业的期望得益为：

$$E = p(t_1 | P_h) \times (U_g - P_h) + p(t_2 | P_h) \times (U_b - P_h)$$

根据并购企业的后验概率在并购企业的行为空间中选择相应的行动，即：

$$p(t_1 | P_h) = a_1, \quad p(t_2 | P_h) = 1 - a_1$$

此时并购企业的期望得益为：
$$E = a_1 \times (U_g - P_h) + (1 - a_1) \times (U_b - P_h) = a_1(U_g - U_b) + U_b - P_h$$
若并购企业选择不并购，则并购企业的期望得益为0。若并购企业选择并购，必须使得 $E > 0$，即：
$$a_1 \times (U_g - P_h) + (1 - a_1) \times (U_b - P_h) > 0$$
计算得 $a_1 > \dfrac{P_h - U_b}{U_g - U_b}$，记 $\xi_1 = \dfrac{P_h - U_b}{U_g - U_b}$，即目标企业出高价时并购企业选择并购的概率为：$u_1 = p(a_1 > \xi_1)$

（2）当目标企业出低价时，并购企业根据后验概率选择并购或不并购，如并购企业选择并购，此时并购企业的期望得益为：
$$E = p(t_1 \mid P_1) \times (U_g - P_1) + p(t_2 \mid P_1) \times (U_b - P_1)$$
根据并购企业的后验概率在并购企业的行为空间中选择相应的行动，即：
$$p(t_1 \mid P_1) = a_2, \quad p(t_2 \mid P_1) = 1 - a_2$$
此时并购企业的期望得益为：
$$E = a_2 \times (U_g - P_1) + (1 - a_2) \times (U_b - P_1) > 0$$
即当目标企业出低价时，并购企业的最优选择是并购，$u_2 = 1$。

（3）当目标企业质量好时，目标企业有定高价和定低价两种选择，当目标企业定高价时，目标企业的期望得益为：
$$E = u_1 \times (P_h - V_g) > 0$$
若选择定低价，则目标企业的期望得益为：
$$E = P_1 - V_g < 0$$
所以质量好时，目标企业定会定高价。

（4）当目标企业质量差时，目标企业有定高价和定低价两种选择，当目标企业定高价时，目标企业的期望得益为：
$$E = u_1 \times (P_h - V_b) > 0$$
当目标企业定低价时，目标企业的期望得益为：
$$E = P_1 - V_b > 0$$
即当目标企业的质量差时，目标企业可能定高价也可能定低价。表6.5为企业并购的得益矩阵。

表6.5 企业并购的得益矩阵

		目标企业			
		质量好		质量差	
		高价	低价	高价	低价
并购企业	并购	$a_1 \times (U_g - U_b) + U_b - P_h$ $u_1 \times (P_h - V_g)$	$a_2 \times (U_g - U_b) + U_b - P_1$ $P_1 - V_g$	$a_1 \times (U_g - U_b) + U_b - P_h$ $u_1 \times (P_h - V_b)$	$a_2 \times (U_g - U_b) + U_b - P_1$ $P_1 - V_b$
	不并购	0, 0	0, 0	0, 0	0, 0

5. 企业并购信号传递的完美贝叶斯均衡

令目标企业在企业质量差时定高价的概率为 β，则 β 的取值不同会造成不同的策略均衡。

(1)当 $\beta = 0$ 时，即企业质量差时定高价的概率为 0，这时质量好时定高价，质量差时定低价。此时并购企业选择并购，这是一种分开均衡。

(2)当 $\beta = 1$ 时，即企业质量差时定高价的概率为 1，这时质量好时定高价，质量差时也定高价。此时并购企业根据自己的先验概率选择并购与否，若期望得益大于 0 则选择并购，若期望得益小于 0 则选择不并购，这是一种合并均衡。

(3)当 $0 < \beta < 1$ 时，质量好的企业选择定高价，质量差的企业以一定概率选择定高价或低价，此时并购企业无法从目标企业的行为中获得确定的信息，并购企业以一定的概率随机选择并购或不并购，这是一种混合策略均衡。

6.3.5　网购平台企业与消费者的价格信号博弈

随着经济的发展，网购已成为人们日常生活不可缺少的一部分。然而消费者只能从网购平台上获得部分商品的信息，对商品的质量和真实价格掌握很少。而企业则可以通过评价和精美图片来迷惑消费者。这种不完全信息极易造成市场的不公平。

1. 基本假设

(1)博弈双方为网购平台的企业和消费者，企业为信号发出方，拥有商品的完全信息，消费者为信号接收方，拥有商品的不完全信息。并且交易成功与否只取决于企业和消费者，不考虑其他影响因素。企业商品有质量好和质量差两种类型，记为：$Q = (q_g, q_b)$。

(2)理性经济人假设，即交易双方在博弈中均会在给定的情况下选择使自己得益最大的策略。

(3)消费者对商品的质量类型不清楚，只有对商品的先验概率，并且对商品的先验概率取决于其市场占比。

(4)消费者可以根据企业的出价更新自己的先验概率，选择购买和不购买两种行为，记为：$A = (a_Y, a_N)$。

(5)企业生成高质量商品的成本为 C_H，生成低质量商品的成本为 C_L，企业对质量好的商品的定价为 P_h，对质量差的商品的定价为 P_l，企业若想高价出售低质量的商品必须支付一些伪装成本 C_W。

(6)质量好的商品给消费者带来的效用价值为 V_h，质量差的商品给消费者带来的效用价值为 V_l。

(7)产品需要一些运营成本，高质量的产品的运营成本 C_h 比低质量的产品的运营成本 C_l 低。

(8)消费者在购买过程中会消耗一些时间成本 C_x。

(9)消费者在高价购买到伪装成高质量的商品时会有一些心理损失 C_B。

2. 企业和消费者的博弈过程

(1)由博弈方 0 即自然以一定的概率在企业商品的类型空间选择一个类型 q 并告诉企业，但消费者不知道，消费者只知道企业商品质量好的先验概率为 $p(q_g)$ 和企业商品质量差的先验概率为 $p(q_b)$。

(2)企业根据自己的质量类型选择以较高的价格出售商品或者以低价出售商品。

(3) 消费者根据企业的信号得到对企业商品质量好的后验概率为 $p(q_g|P_h)$ 和 $p(q_g|P_l)$，对企业商品质量差的后验概率为 $p(q_b|P_h)$ 和 $p(q_b|P_l)$。

(4) 消费者根据后验概率选择行动，购买为 a_Y，不购买为 a_N。

图 6.5 为网购平台交易的信号博弈模型。

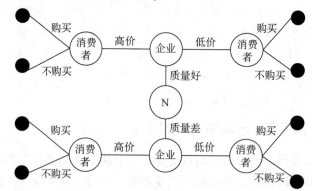

图 6.5　网购平台交易的信号博弈模型

3. 网购平台交易模型中企业和消费者的策略

(1) 对企业来说：

①企业的策略 $S(1)$：若博弈方 0 选择质量好 q_g，企业选择高价 P_h；若博弈方 0 选择质量差 q_b，企业还是选择高价 P_h。

②企业的策略 $S(2)$：若博弈方 0 选择质量好 q_g，企业选择高价 P_h；若博弈方 0 选择质量差 q_b，企业选择低价 P_l。

③企业的策略 $S(3)$：若博弈方 0 选择质量好 q_g，企业选择低价 P_l；若博弈方 0 选择质量差 q_b，目标企业还是选择低价 P_l。

④企业的策略 $S(4)$：若博弈方 0 选择质量好 q_g，企业选择低价 P_l；若博弈方 0 选择质量差 q_b，企业选择高价 P_h。

(2) 对消费者来说：

①消费者的策略 $R(1)$：若企业选择高价 P_h，消费者选择购买 a_Y；若企业选择低价 P_l，消费者还是选择购买 a_Y。

②消费者的策略 $R(2)$：若企业选择高价 P_h，消费者选择购买 a_Y；若企业选择低价 P_l，消费者选择不购买 a_N。

③消费者的策略 $R(3)$：若企业选择高价 P_h，消费者选择不购买 a_N；若企业选择低价 P_l，消费者还是选择不购买 a_N。

④消费者的策略 $R(4)$：若企业选择高价 P_h，消费者选择不购买 a_N；若企业选择低价 P_l，消费者选择购买 a_Y。

4. 企业和消费者的得益分析

用 U_S 和 U_R 分别表示企业和消费者的得益，分别讨论在企业高价出售和低价出售时消费者的得益以及在商品质量好和差的情况下企业的得益。

(1)当企业高价出售时,消费者可以根据后验概率采取购买和不购买两种行为。若消费者选择不购买,则得益为0。若消费者选择购买,则消费者的得益为:

$$U_R = p(q_g | P_h) \times (V_h - P_h) + p(q_b | P_h) \times (V_l - P_h - C_B) - C_x$$

根据消费者的后验概率在消费者的行为空间中选择行动,即:

$$p(q_g | P_h) = a_1, \ p(q_b | P_h) = 1 - a_1$$

得益方程为:

$$U_R = a_1 \times (V_h - P_h) + (1 - a_1) \times (V_l - P_h - C_B) - C_x$$

若消费者选择购买,得益必须大于0,即:

$$a_1 > \frac{C_x - V_l + P_h + C_B}{V_h - V_l + C_B}$$

令:

$$\beta_1 = \frac{C_x - V_l + P_h + C_B}{V_h - V_l + C_B}$$

则当企业出高价时,消费者愿意购买的概率为:

$$u_1 = p(a_1 > \beta_1)$$

(2)当企业低价出售时,消费者可以根据后验概率采取购买和不购买两种行为。若消费者选择不购买,则得益为0。若消费者选择购买,则消费者的得益为:

$$U_R = p(q_g | P_l) \times (V_h - P_l) + p(q_b | P_l) \times (V_l - P_l - C_B) - C_x$$

根据消费者的后验概率在消费者的行为空间中选择行动,即:

$$p(q_g | P_l) = a_2, \ p(q_b | P_l) = 1 - a_2$$

得益方程为:

$$U_R = a_2 \times (V_h - P_l) + (1 - a_2) \times (V_l - P_l - C_B) - C_x$$

若消费者选择购买,得益必须大于0,即:

$$a_2 > \frac{C_x - V_l + P_l + C_B}{V_h - V_l + C_B}$$

令:

$$\beta_2 = \frac{C_x - V_l + P_l + C_B}{V_h - V_l + C_B}$$

则当企业出高价时,消费者愿意购买的概率为:

$$u_2 = p(a_2 > \beta_2)$$

(3)当企业商品质量好时,可以选择高价出售和低价出售,当高价出售时,企业的期望得益为 $U_S = u_1 \times (P_h - C_H - C_h)$;当低价出售时,企业的期望得益为 $U_S = u_2 \times (P_l - C_H - C_h)$。

(4)当企业商品质量差时,可以选择高价出售和低价出售,当高价出售时,企业的期望得益为 $U_S = u_1 \times (P_h - C_L - C_l - C_W)$,当低价出售时,企业的期望得益为 $U_S = u_2 \times (P_l - C_L - C_l)$。

根据以上分析可以得出网购平台交易的得益矩阵,如表6.6所示。

表 6.6　网购平台交易得益矩阵

		企业			
		质量好		质量差	
		高价	低价	高价	低价
消费者	购买	$a_1 \times (V_h - P_h) + (1 - a_1) \times (V_1 - P_h - C_B) - C_x$ $u_1 \times (P_h - C_H - C_h)$	$a_2 \times (V_h - P_1) + (1 - a_2) \times (V_1 - P_1 - C_B) - C_x$ $u_2 \times (P_h - C_H - C_h)$	$a_1 \times (V_h - P_h) + (1 - a_1) \times (V_1 - P_h - C_B) - C_x$ $u_1 \times (P_h - C_L - C_l - C_W)$	$a_2 \times (V_h - P_1) + (1 - a_2) \times (V_1 - P_1 - C_B) - C_x$ $u_2 \times (P_h - C_L - C_l)$
	不购买	0, 0	0, 0	0, 0	0, 0

5. 信号博弈均衡分析

（1）分开策略均衡。

商品交易过程中，消费者对企业的类型并不知情，企业通过价格传递其质量信号，通常较高的价格会让消费者产生质量较好的信念。在分开均衡下，企业商品质量较好的条件下，企业会选择高价出售商品。此时消费者选择购买的得益函数为：

$$U_R = V_h - P_h - C_x$$

交易失败，消费者的得益函数为：

$$U_R = -C_x$$

对消费者来说，购买显然是最合算的选择。

在企业商品质量较差的条件下，企业会选择低价出售。此时消费者选择购买的得益函数为：

$$U_R = V_1 - P_1 - C_x$$

交易失败，消费者的得益函数为：

$$U_R = -C_x$$

对消费者来说，购买显然是最合算的选择。

综上所述，无论商品质量是好还是差，消费者的最优选择是购买，此时企业高价出售的期望得益为：

$$U_S = P_h - C_H - C_h$$

低价出售的期望得益为：

$$U_S = P_1 - C_L - C_l$$

（2）合并策略均衡。

若企业商品质量差时定高价的概率为 1，这时质量好时定高价，质量差时也定高价。消费者根据自己的先验概率选择购买与否，若期望得益大于 0 则选择购买，若期望得益小于 0 则选择不购买，这是一种合并均衡。

（3）混合策略均衡。

当企业以一定的概率在企业商品质量差时定高价，此时质量好的企业选择定高价，质量差的企业以一定概率选择定高价或低价，此时消费者无法从企业的行为中获得确定的信息，消费者以一定的概率随机选择购买或不购买，这是一种混合策略均衡。

6.3.6 住房租赁企业与租户决策行为博弈研究

在住房租赁市场，住房租赁企业总是处于信息优势地位，在交易过程中，租户的租房价格不仅与房子实际的质量有关，还与企业的风险偏好与服务质量有关。在租房市场中，充斥着很多住房租赁企业以与房子实际品质不符的价格出租房子。这种信息的不完全造成了市场的不公平。

1. 基本假设

(1) 博弈双方为住房租赁企业和租户，住房租赁企业为信号发出方，拥有房子的完全信息，租户为信号接收方，拥有房子的不完全信息。并且交易成功与否只取决于住房租赁企业和租户，不考虑其他影响因素。市场上的住房租赁企业分为两类：一类是提供高质量服务的房屋租赁企业，记为 V_H，另一类是提供低质量服务的房屋租赁企业，记为 V_L。

(2) 理性经济人假设，即交易双方在博弈中均会在给定的情况下选择使自己得益最大的策略。

(3) 提供高质量服务的企业一般以较高的租金出租房屋，提供低质量服务的企业存在以高租金出租的可能。

(4) 住房租赁企业可选择的策略为高价出租 P_h 和低价出租 P_l 两种。即住房租赁企业的行为空间为 $P = \{P_h, P_l\}$。

(5) 租户的可选择策略为租和不租，租为 a_Y，不租为 a_N。

(6) 提供高质量服务的住房租赁企业成本为 C_H，提供低质量服务的住房租赁企业成本为 C_L，其中 $C_H > C_L$。

(7) 若住房租赁企业提供的为高质量服务的房屋，以高价或低价出租将获得声誉的额外得益分别为 S_1 和 S_2，其中 $S_2 + P_l \ll C_H$。

(8) 提供低质量服务的住房租赁企业若为了获得更多利益以高租金出租，需要支付一定的成本 C，同时还要承担一定的风险，即政府惩罚金额 F，以及声誉的损失 S_3，但这些损失是在租户举报的前提下，租户举报并且成功的概率为 q。

(9) 租户根据已得到的信息决定是否承租，租户承租高质量房屋和低质量房屋的住房体验分别为 E_H、E_L。

2. 租赁企业和租户的博弈过程

(1) 由博弈方 0 即自然以一定的概率在住房租赁企业的类型空间选择一个类型并告诉住房租赁企业，但租户不知道，租户只知道住房租赁企业服务质量好的先验概率为 $p(V_H)$ 和住房租赁企业服务质量差的先验概率为 $p(V_L)$。

(2) 住房租赁企业根据自己的服务质量类型选择发送信号 P_h 和 P_l。

(3) 租户根据住房租赁企业的信号得到对住房租赁企业服务质量好的后验概率为 $p(V_H|P_h)$ 和 $p(V_H|P_l)$，对住房租赁企业服务质量差的后验概率为 $p(V_L|P_h)$ 和 $p(V_L|P_l)$。

(4) 租户根据后验概率选择行动，租为 a_Y，不租为 a_N。

图 6.6 为住房租赁企业和租户的信号博弈模型。

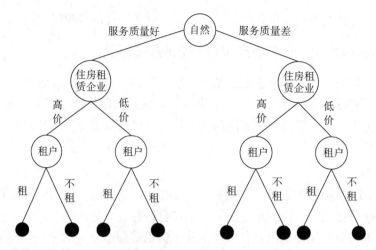

图 6.6 住房租赁企业和租户的信号博弈模型

3. 住房租赁企业和租户在信号模型中的四种策略

（1）对住房租赁企业来说：

①住房租赁企业的策略 $S(1)$：若博弈方 0 选择服务质量好 V_H，住房租赁企业选择高价 P_h；若博弈方 0 选择服务质量差 V_L，住房租赁企业还是选择高价 P_h。

②住房租赁企业的策略 $S(2)$：若博弈方 0 选择服务质量好 V_H，住房租赁企业选择高价 P_h；若博弈方 0 选择服务质量差 V_L，住房租赁企业选择低价 P_l。

③住房租赁企业的策略 $S(3)$：若博弈方 0 选择服务质量好 V_H，住房租赁企业选择低价 P_l；若博弈方 0 选择服务质量差 V_L，住房租赁企业还是选择低价 P_l。

④住房租赁企业的策略 $S(4)$：若博弈方 0 选择服务质量好 V_H，住房租赁企业选择低价 P_l；若博弈方 0 选择服务质量差 V_L，住房租赁企业选择高价 P_h。

（2）对租户来说：

①租户的策略 $R(1)$：若住房租赁企业选择高价 P_h，租户选择租 a_Y；若住房租赁企业选择低价 P_l，租户还是选择租 a_Y。

②租户的策略 $R(2)$：若住房租赁企业选择高价 P_h，租户选择租 a_Y；若住房租赁企业选择低价 P_l，租户选择不租 a_N。

③租户的策略 $R(3)$：若住房租赁企业选择高价 P_h，租户选择不租 a_N；若住房租赁企业选择低价 P_l，租户还是选择不租 a_N。

④租户的策略 $R(4)$：若住房租赁企业选择高价 P_h，租户选择不租 a_N；若住房租赁企业选择低价 P_l，租户选择租 a_Y。

4. 住房租赁企业和租户的得益分析

住房租赁企业中提供低质量服务的企业有些为了获得较高的利润而愿意冒风险以高租金进行出租。假设提供低质量服务的住房租赁企业以一定的概率高价出租房屋，住房租赁企业和租户的期望得益分别用 U_S 和 U_R 表示，此时对于租户和企业的期望得益如下：

（1）当企业高价出租房屋时，租户有租和不租两种选择。当租户选择不租时，租户的得益为 0。当租户选择租时，此时租户的期望得益为：

$$U_R = p(V_H \mid P_h) \times (E_H - P_h) + p(V_L \mid P_h) \times (E_L - P_h)$$

根据完美贝叶斯均衡，根据租户的后验概率在租户的行为空间中选择行动，即：
$$p(V_H \mid P_h) = a_1, \quad p(V_L \mid P_h) = 1 - a_1$$
此时得益方程为：
$$U_R = a_1 \times (E_H - P_h) + (1 - a_1) \times (E_L - P_h)$$
若租户选择租，则得益必须大于0，即：
$$a_1 > \frac{P_h - E_L}{E_H - E_L}$$
令：
$$\beta_1 = \frac{P_h - E_L}{E_H - E_L}$$
则当住房租赁企业出高价时，租户愿意租的概率为：
$$u_1 = p(a_1 > \beta_1)$$

（2）当企业低价出租房屋时，企业的服务质量一定为差。当租户选择不租时，租户的得益为 0。当租户选择租时，租户的期望得益为：$U_R = p(V_H \mid P_1) \times (E_H - P_1) + p(V_L \mid P_1) \times (E_L - P_1)$。若服务质量差的房子带给租户的体验大于房租，那么租户的期望得益为正；若服务质量差的房子带给租户的体验小于房租，那么租户的期望得益为负，则租户必然会选择不租。

（3）当住房租赁企业提供高质量服务时，住房租赁企业必然会高价出租房屋，此时住房租赁企业的期望得益为：
$$U_S = u_1 \times (P_h - C_H + S_1)$$

（4）当住房租赁公司提供低质量服务时，住房租赁企业有两种选择：一种是高价出租，另一种为低价出租。当企业低价出租时，假设服务质量差的房子带给租户的体验大于房租。此时住房租赁企业的期望得益为：$U_S = P_1 - C_L + S_2$。当企业高价出租时，住房租赁企业的期望得益为：$U_S = u_1 \times [P_h - C_L - C - q(F + S_3)]$。并且有租不出去的风险，当房子未租出去时，住房租赁企业将损失 $U_S = (1 - u_1) \times (-C)$。根据以上分析可以得出住房租赁企业和租户博弈的得益矩阵，如表 6.7 所示。

表 6.7　住房租赁企业和租户博弈的得益矩阵

		住房租赁企业			
		质量好		质量差	
		高价	低价	高价	低价
租户	租	$a_1 \times (E_H - P_h) + (1 - a_1) \times (E_L - P_h)$ $u_1 \times (P_h - C_H + S_1)$	—	$a_1 \times (E_H - P_h) + (1 - a_1) \times (E_L - P_h)$ $u_1 \times [P_h - C_L - C - q(F + S_3)]$	$E_L - P_1$ $P_1 - C_L + S_2$
	不租	0, 0	0, 0	0, $(1 - a_1) \times (-C)$	0, 0

5. 信号博弈均衡分析

（1）分开策略均衡。

在交易过程中，租户对企业的服务水平的类型并不知情，住房租赁企业通过租房价格传递其服务质量信号，通常较高的价格会让租户产生服务质量较好的信念。在分开均衡下，住房租赁企业在服务质量较好的条件下，企业会选择高价出租。此时租户选择租的得益函数为：

$$U_R = E_H - P_h$$

此时企业的得益函数为:

$$U_S = P_h - C_H + S_1$$

对于租户来说租显然是最合适的选择。

在企业服务质量较差的条件下,企业会选择低价出租。此时租户选择租的得益函数为:

$$U_R = E_L - P_l$$

此时企业的得益为:

$$U_S = P_l - C_L + S_2$$

若租户的得益大于 0 时,对租户来说租显然是合适的选择;对企业来说,低价出租也比较合适。

综上所述,无论服务质量是好还是差,租户的最优选择是租。

(2)合并策略均衡。

若住房租赁企业在服务质量差时,选择高价出租时的期望得益为:

$$U_S = u_1 \times [P_h - C_L - C - q(F + S_3)] > 0$$

并且该企业选择风险性决策,即企业在服务质量差时选择高价出租的概率为 1,这时住房租赁企业在服务质量好时定高价,在服务质量差时也定高价,此时租户根据自己的期望得益选择租或者不租。

(3)混合策略均衡。

当住房租赁企业以一定的概率在企业服务质量差时定高价,服务质量好的企业选择定高价,此时租户无法从企业的行为中获得确定的信息,租户以一定的概率随机选择租与不租。

6.4 不完全信息企业劳动者谈判

劳动者和企业之间的博弈是常常出现的。如果企业随意罢免员工,社会导致劳动者与企业就赔偿问题进行博弈,而劳动者和企业之间的博弈是一种不完全信息的动态博弈。

我们用逆推导的方法,来推导劳动者在被企业罢免之后谈论赔偿金的问题。我们进行两个回合的谈判。假设企业在没有支付赔偿金之前的利润为 p,劳动者不知道 p 具体是多少,但是知道企业利润的区间为 $[0, 1]$。劳动者是被临时罢免的,因此还没有找到下一份工作,因此目前劳动者的收入为 0。

我们假设劳动者在与企业第一轮谈判时提出的赔偿金要求为 m_1,第二轮谈判时提出的赔偿金要求为 m_2。在第一次谈判时企业接受劳动者提出的要求劳动者的得益为 m_1,企业的得益为 $p - m_1$。如果劳动者和企业在第二轮谈判才能达成一致,那么双方的得益会有折扣,因此假设折算成第一轮谈判得益的折算系数为 δ,表示时间价值、谈判成本和生产损失等。

算上折扣系数,第二轮谈判后劳动者的得益为 δm_2,企业的得益为 $\delta(p - m_2)$。因为只进行两轮谈判,如果两轮谈判之后仍没有达成一致,那么双方的得益为 0。

只进行两轮的谈判,如果没有谈好,双方都没有得益,因此我们通过逆推导的方式来进行分析。先从第二轮谈判来看,在这轮谈判中,假设劳动者获得最佳的得益应该为 m_2^*,而对于企业来说,这是最后的机会,因此只要利润是大于劳动者的最佳得益,即 $p > m_2^*$,他就会接受第二轮谈判的协议,而此时企业的得益为 $\delta(p - m_2^*)$。而劳动者的最佳得益 m_2^* 与什么相关呢?我们来看一下。劳动者对于企业在第二轮选择接受的标准是已知的,即 $p > m_2^*$,因此他会判断企业的利润空间为 $[0, p_1]$。另外,劳动者还要考虑到企业接受和拒绝的概率,用 θ_2 和 $1 - \theta_2$ 来表示。其中 $\theta_2 = \dfrac{p_1 - m_2}{p_1}$,$1 - \theta_2 = \dfrac{m_2}{p_1}$。因此,劳动者的最佳得益为:

$$\max[m_2 \times \theta_2 + 0 \times (1 - \theta_2)]$$

代入 θ_2 与 $1 - \theta_2$ 得:

$$\max\left[m_2 \times \left(\frac{p_1 - m_2}{p_1}\right) + 0 \times \frac{m_2}{p_1}\right]$$

化简得:

$$\max\left[m_2 \times \left(\frac{p_1 - m_2}{p_1}\right)\right]$$

解得 $m_2^* = \dfrac{p_1}{2}$。而第二轮谈判后双方的实际得益要算上折算,即劳动者的得益为 $\dfrac{\delta p_1}{2}$,企业的得益为 $\delta\left(p - \dfrac{p_1}{2}\right)$。

之后,我们来讨论如果在第一轮谈判双方就达成一致的情况。经过上面的讨论,企业了解到了第二轮谈判后他所得到的实际得益,因此如果第一轮谈判后企业就接受了劳动者所提出的赔偿金要求,也就是劳动者在第一轮谈判后的最佳得益为 m_1^*,那么企业接受的标准为第一轮谈判给完赔偿金的得益多于第二轮谈判后他的实际得益,即 $p - m_1^* \geqslant \delta\left(p - \dfrac{p_1}{2}\right)$,大于或者等于都可以是企业所接受的标准,通过移项可得:

$$p \geqslant \frac{m_1^* - \delta\dfrac{p_1}{2}}{1 - \delta}$$

为了实现计算,我们令 $p_1 = \dfrac{m_1^* - \delta\dfrac{p_1}{2}}{1 - \delta}$,解得 $p_1 = \dfrac{2m_1^*}{2 - \delta}$,其中 p_1 就是第一轮谈判后,企业的实际得益。谈论完企业,我们来看一下第一回合中劳动者能得到的得益是多少。通过上述的分析,劳动者了解到了第一回合企业的判断以及第二回合中双方的得益,因此劳动者会选择使自己的得益最大,当然也要考虑到企业接受和拒绝的概率。拒绝之后企业将会进行到第二轮谈判,第二轮谈判我们认为企业会接受,对于概率我们用 θ_1 和 θ_r 来表示,其中 $\theta_1 = 1 - p_1 = 1 - \dfrac{2m_1^*}{2 - \delta} = \dfrac{2 - \delta - 2m_1}{2 - \delta}$,$\theta_r = (1 - \theta_1) \times \theta_2 = \dfrac{2m_1}{2 - \delta} \times \dfrac{p_1 - m_2}{p_1} = \dfrac{m_1}{2 - \delta}$,得出劳动者得益最大的式子为:

$$\max[m_1 \times \theta_1 + \delta m_2(m_1) \times \theta_r]$$

代入 θ_l 和 θ_r 得：

$$\max\left[m_1 \times \frac{2-\delta-2m_1}{2-\delta} + \delta\frac{m_1}{2-\delta} \times \frac{m_1}{2-\delta}\right]$$

解得 $m_1^* = \frac{(2-\delta)^2}{2(4-3\delta)}$，在第一轮谈判之后劳动者最佳得益为 $m_1^* = \frac{(2-\delta)^2}{2(4-3\delta)}$。

综上，可以得到该博弈的完美贝叶斯均衡。在第一轮谈判中，对劳动者来说，应该要求最佳的赔偿金为 $m_1^* = \frac{(2-\delta)^2}{2(4-3\delta)}$；而对企业来说，如果 $p > p_1 = \frac{2m_1^*}{2-\delta} = \frac{2-\delta}{4-3\delta}$，那么企业接受劳动者所要求的赔偿金 m_1^*，否则拒绝。如果企业拒绝了则进入第二轮谈判，在该轮谈判中，劳动者对企业的利润判断为 $[0, p_1]$，并要求最佳的赔偿金额为 $m_2^* = \frac{p_1}{2} = \frac{2-\delta}{2(4-3\delta)}$；而对于企业来说，如果 $p > m_2^*$，则接受劳动者在该轮提出的赔偿金要求 m_2^*，否则拒绝。

思考题

1. 名词解释：不完全信息动态博弈、声明博弈。
2. 生活中还存在哪些信号博弈？
3. 能传递信息的离散型声明博弈有何特点？画出一个能传递信息的声明博弈矩阵。
4. 请举出生活中关于不完全信息动态博弈的一个例子，并将理论和实际结合起来分析。
5. 找出图 6.7 表示的动态贝叶斯均衡的纯策略纳什均衡和完美贝叶斯均衡。

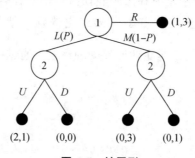

图 6.7 扩展形

参考答案

1. 答：（1）不完全信息动态博弈：参与人的行动有先后顺序，且后行者能够观察到先行者所选择的行动；每个参与人对其他所有参与人的特征、策略空间及支付函数并没有准确的认识。在不完全信息动态博弈一开始，某一参与人根据其他参与人的不同类型及其所属类型的概率分布，建立自己的初步判断。当博弈开始后，该参与人就可以根据他所观察到的其他参与人的实际行动，来修正自己的初步判断。并根据这种不断变化的判断，选择自己的策略。

第六章 不完全信息动态博弈

（2）声明博弈：声明博弈就是信号博弈，声明博弈中的声明方相当于信号发出方，接收方就是信号接收者。信号博弈的基本特征是：博弈方分为信号发出方和信号接收方两类，先行动的信号发出方的行为，对后行动的信号接收方来说，具有传递信息的作用。

2. 答：在拥有信息和缺乏信息的双方之间的偏好和利益完全一致的情况下，即使是没有任何成本的"空口声明"也能够有效地传递信息，但当双方的偏好和利益不一致时，"空口声明"在传递信息方面就不再有效了，此时，拥有信息的一方可能有欺骗对方的动机，进而破坏整个信息传递的机制。比如，现在许多大学都要选留拥有博士学位的人在学校任教，博士学位成为大学挑选青年教师的重要标准。虽然博士学位获得者未必就一定比其他低学位者能力强，但从现实的情况来看，博士学位获得者一般在科研能力、综合素养方面比低学位者要强；而且一个人若能获得博士学位，其付出的成本比其他低学位者都要高，这种高成本所传递的信息往往也是可信的，即高学位者一般拥有高能力。

3. 答：偏好的一致性声明方愿意让行为方了解自己的真实类型，行为方也完全相信声明方的声明。在这种情况下，声明就能有效地传递信息。能传递信息的2×2声明博弈得益矩阵如表6.8所示。

表6.8 能传递信息的2×2声明博弈得益矩阵

声明方博弈		行为方行为	
		a_1	a_2
	a_1	2, 1	1, 0
	a_2	1, 0	2, 1

4. 答：假设汽车有"好"和"差"两种可能的质量状态。卖方清楚自己的选择，第二阶段他选择"卖"或"不卖"时，是根据汽车是"好"或"差"的状况来做选择。在第一阶段为"好"或"差"的情况下，卖方第二阶段都可以选择"卖"或"不卖"。如果他选择的是"不卖"，则显然不管第一阶段是"好"还是"差"，博弈都立即结束。如果卖方选择"卖"，则博弈进行到第三阶段，轮到买方进行选择。假设买方(博弈方2)无法知道第一阶段的卖方选择，因此在第二阶段卖方选择卖的情况下，买方无法知道卖方前两阶段的路径究竟是"好"而"卖"还是"差"而"卖"，显然他无法做出准确的选择。我们把两个代表前面阶段博弈不同路径的节点放在一个信息集中，表示买方在该决策阶段的信息具有不完美性。这意味着虽然买方在此处只有"买""不买"两种选择，但可能的结果却有四种，包括"买"到好车、差车，"不买"好车、差车。前两种结果对买方、卖方都有差异，而后两种结果则最多只对卖方有差异。

5. 答：博弈方在R、L、M这3个行为中进行选择。因为在第一个阶段博弈方1选择不是R的情况下，博弈方2虽然知道博弈方没有选R，但无法看到博弈方1究竟选择的是L还是M，因此博弈方2具有不完美信息，这是一个不完美信息的动态博弈。从本博弈的得益情况容易看出，如果在轮到博弈方2选择时(博弈方1第一阶段没选R)，不但看不到博弈方1的实际选择，而且对博弈方1选L还是M的可能性大小毫无判断，则他就不知该选U和D中哪一个才算合理。因为如果博弈方1选择L，那么博弈方2选U得益较大，如果博弈方1选择M，博弈方2选U的得益较大，动态贝叶斯均衡的纯策略纳什均衡为(L, U)。

第七章 重复博弈

7.1 重复博弈概述

重复博弈是基本博弈的重复进行，主要包括有限次重复博弈和无限次重复博弈。在重复博弈中，参与人会进行一个或多个重复的博弈，每个博弈都有相同的策略和得益函数，参与人的决策会受到之前博弈的结果和对手的行为的影响。重复博弈可以模拟现实生活中的许多情境，如合作与竞争、经济竞争和多方谈判等。在重复博弈中，参与人会根据不同的策略进行决策。他们可以选择合作以获得更高的整体得益，或选择背叛以获得个体得益。

7.1.1 重复博弈定义、特征、影响因素及意义

1. 定义

重复博弈（Repeated Game）指静态或动态博弈的重复进行，也可以说是重复进行的过程。

重复博弈是一种特殊博弈。举个简单的例子，人们在景区游玩时，会购买一些旅游纪念品，这些纪念品的价格一般十分高昂，同时产品的质量和服务也没有很好的保障，但商家往往都能从中获取利润，这正是因为商家和游客进行的是一次性博弈；而一个人到小区便利店购买商品，几年下来可能会购买几十、上百次，这就是重复博弈。

经典案例

智猪博弈

智猪博弈讲的是，猪圈里有一大一小两头猪，猪圈的一头安装了一个猪食槽，另一头安装了一个按钮，该按钮控制着猪食的供应。按一下按钮会有10个单位的猪食进槽，但按按钮需要付2个单位的成本。得益矩阵如表7.1所示，两头猪同时按按钮即同时"行动"，因而同时走到猪食槽，大猪吃7个，小猪吃3个，扣除2个单位的成本，得益分别为5和1。如果大猪先到，大猪吃到9个单位，小猪只能吃1个单位；若小猪先到，大猪吃6个单位，小猪吃4个单位；若双方都不动，所得均为0。在这个例子中，什么是纳什

均衡？首先我们注意到，无论大猪选择"行动"还是"等待"，小猪的最优选择均是"等待"。比如说给定大猪"行动"，小猪"行动"时得到 1 个单位，"等待"则得到 4 个单位；给定大猪"等待"，小猪"行动"得到 -1 个单位，"等待"则得 0 个单位，所以，"等待"是小猪的占优战略。给定小猪总是选择"等待"，大猪的最优选择只能是"行动"。所以，纳什均衡就是：大猪"行动"，小猪"等待"，各得 4 个单位，多劳者不多得。

表 7.1 智猪博弈得益矩阵

	大猪(行动)	大猪(等待)
小猪(行动)	大猪吃进 7 份，净得 5 份 小猪吃进 3 份，净得 1 份	大猪吃进 9 份，净得 9 份 小猪吃进 1 份，净得 -1 份
小猪(等待)	大猪吃进 6 份，净得 4 份 小猪吃进 4 份，净得 4 份	双方都不动，所得为 0

2. 特征

重复博弈三个基本特征：

(1) 前一个阶段博弈并不改变后一个阶段的博弈结构。例如，玩"剪刀石头布"，上一次出什么，不影响下一次出什么。

(2) 每一个阶段博弈参与人都能观测到该博弈过去的历史。也就是说，在过去的博弈中，每个参与者选择欺骗还是诚实，选择合作还是不合作，这些行为都可以被观察到。

(3) 参与人总得益是所有阶段博弈得益折现值之和或者加权样本均值。参与人不仅关心当下利益，还关心未来利益，衡量时要进行折现。

3. 影响因素

影响重复博弈均衡结果的主要因素有两个，博弈重复次数和信息完备性。这些因素相互作用共同决定博弈结果。在重复博弈中，博弈方为了长远利益而可能选择不同的策略从而放弃眼前的利益，而信息的完备与否更是会直接影响到各博弈方策略的选择及最后均衡路径选择。

例如，如果重复博弈次数是有限次，根据 KMRW 定理，一开始参与人会倾向于合作，但最后几次博弈可能会倾向于背叛。

再如，如果参与人特征信息并没有完全被别的参与人所知晓，即便自己最终会背叛，但一开始也可能伪装出倾向合作的好名声，以达成合作，换取长远利益。

基于这两个因素，重复博弈既可以细分为有限次重复博弈和无限次重复博弈，也可以细分为完全信息重复博弈和不完全信息重复博弈。

有限次重复博弈是指在博弈中，参与人进行有限次数的重复博弈。在有限次重复博弈中，博弈双方在每次重复之前都能观察到以前博弈的结果，从而可以根据历史信息调整自己的策略；如果重复博弈可以无限制重复进行下去，且没有明确的结束时间，则叫作无限次重复博弈。有限次重复博弈是生活中经常碰到的问题，如羽毛球比赛中的三局两胜制，下棋时的五局三胜制等都是有限次重复博弈。

随机结束的重复博弈是指在博弈过程中，博弈的结束时间是基于一定的概率随机确定的。与确定性有限次重复博弈相同，参与人无法提前知道博弈将在何时结束。这种博弈模型通常被用来研究实际情境中缺乏确定性的情况,例如商业谈判、国际关系和投资决策等。

4. 意义

重复博弈在形式上是基本博弈的重复进行,但重复博弈会使博弈双方更注重考虑长远利益,使博弈方为了得到预期利益而约束自身行为,从而影响博弈方的策略选择和博弈的结果。

社会经济活动中既包括短期一次性活动,也包括许多长期反复的合作和竞争活动,这些在博弈方之间进行的长期重复的合作和竞争关系中,博弈方关于未来行为的威胁或承诺会影响他们彼此当前的行为。

生活中,我们可能都会有这样的经历:当我们来到一家新开的小商店时,发现商品种类齐全,价格又很实惠,可商品的质量到底怎样,我们一时难以分辨,所以在付款时难免会犹豫再三。这时,老板往往会用真诚的语气劝说:"您就放心购买吧,我们保证货真价实。您把东西拿回家,使用后如果发现有问题,可以随时来找我们退换!"见店老板如此有诚意,我们也就会放心地付钱离开。将商品带回家后,如果发现商品质量并非像老板承诺的那么优良,我们要么返回商店与老板理论,要求退款,要么自认倒霉,将这件事抛诸脑后。

无论是哪种做法,我们今后肯定都不会再光顾那家商店了,这样的结果就是经济学上的"一次博弈"。当然,如果我们发现商品质量非常可靠,那么我们就会对那家商店更加信任,日后也会常常去消费。这样的结果在经济学上就叫"重复博弈"。

重复博弈的过程可以分为多个阶段,其各个阶段有独立的选择和利益,不同阶段的策略实际上是相互影响、彼此联系的。对比上述例子的两种结果,我们可以发现在一次性博弈的过程中,由于考虑到今后双方不会再发生更多联系,所以人们往往会过于关注自身的利益,甚至不惜为了达到自己的目的而损害他人的利益。可是这样做势必会降低自己的信用度,降低他人对自己的好感和信任,虽然暂时能够赢得一些蝇头小利,但从长远的角度来看却是得不偿失的。而在重复博弈的过程中,人们除了会考虑当前的利益外,还会兼顾未来的长远利益。例如,有诚信的店老板就会考虑到这次交易对下次的影响,希望能够与自己的消费者建立起长久的关系,以使同样结构的博弈能够无限次地重复进行下去,让自己的长远利益能够不断增加。

重复博弈的次数会影响博弈均衡的结果。如果博弈是重复多次的,参与人可能会为了长远利益而牺牲眼前的利益,从而选择不同的均衡策略。重复博弈的研究对于理解现实生活中的决策和行为具有重要意义。它可以应用于许多领域,包括经济学、管理学、国际关系和人类行为研究。通过研究重复博弈,人们可以更好地理解决策者如何在面对不确定性和变化的环境中制定最优的决策。经济中的长期关系,比如两个企业在一个市场上长期竞争,市场营销过程中回头客问题、信誉问题等都是在重复博弈的过程中找到最优策略,以期对未来的选择和利益产生积极意义。

7.1.2 重复博弈的基本概念

1. 重复博弈的策略、子博弈

在动态博弈中,博弈方的一个策略可以是选择一个特定的行动序列,在博弈的不同阶段采取不同的策略。这意味着博弈方可以根据博弈的进展情况调整策略,以使自身的得益最大化。博弈方的策略通常需要考虑时间结构、对手的策略、信息的不完全性等因素。一个好的策略应当能够最大化自身的利益，同时也要考虑其他博弈方的可能策略，以及博弈双方的互动效应。

重复博弈有阶段子博弈的概念。在重复博弈中，子博弈可以用来分析和研究博弈中的特定情况和策略。子博弈通常发生在连续博弈中的某个时间点，或者在离散博弈中的某个决策节点。在这个子博弈中，参与人只关注该子博弈的结果，而不考虑整个博弈过程的影响。子博弈将原始博弈分解为更小的问题，使参与人可以更好地理解和分析局部情况。在研究子博弈时，可以运用一些博弈论工具和方法，例如最优化算法、动态规划、支配策略等。通过分析和计算，可以确定子博弈中的最优策略和最佳决策。子博弈的研究能够揭示整个博弈过程的动态和策略变化。通过对子博弈的分析，可以理解和预测参与人在博弈中的行为和决策。子博弈还可以用于探索和解决实际生活中的问题，如经济竞争、政治博弈、商业谈判等。总之，子博弈是整个重复博弈过程的一部分，通过独立分析和研究子博弈，可以更好地理解和解决重复博弈中的特定问题和策略选择。

下面通过考虑一个无限次重复的囚徒困境博弈来说明子博弈完美纳什均衡。在这个博弈中，如果两名囚犯都选择合作，他们都能获得相对较短的刑期。然而，如果一方选择背叛而另一方选择合作，那么选择背叛的一方会得到最短的刑期，而选择合作的一方会得到最长的刑期。在每个子博弈中，如果参与人都选择合作，那么他们都无法通过改变策略来获得更高的得益，因为合作是最优的选择。如果一方选择背叛而另一方选择合作，那么选择背叛的一方虽然能够获得最短的刑期，但在下一轮子博弈中可能会受到对方的惩罚，因此也无法通过改变策略来获得更高的长期得益。

因此，在每个子博弈中都存在一个纳什均衡，即双方都选择合作。这个子博弈完美纳什均衡使整个无限次重复囚徒困境博弈中也存在一个稳定的纳什均衡，即双方都选择合作，以最小化他们的长期损失。总之，子博弈完美纳什均衡是无限次重复博弈中的一个重要概念，它表示在每个子博弈中都存在一个纳什均衡策略，从而确保整个博弈过程中也存在一个纳什均衡。这有助于参与人理解博弈的长期动态并制定稳定的策略。

2. 重复博弈的得益

重复博弈的得益与一次性博弈是不同的，通过考虑长期利益、策略选择和博弈动态，重复博弈提供了更多的机会和可能性，使参与人可以寻求共同的最优结果。在 $G(T)$ 中的每个阶段本身就是一个博弈，各个博弈方都有得益，而不是整个博弈结束后有一个总的得益，因此博弈方如何选择得益就成了问题。

有限次重复博弈的总体得益可以用重复博弈的"总得益"（即累加每个时期的得益）表示，也可以计算各阶段的"平均得益"（即总得益除以重复次数）来表示，而且可以用逆向归纳法来求解。通过研究重复博弈的效率发现，平均得益与总得益相比更具备适用性。但在无限次重复博弈中计算上述得益和平均得益是很困难的，总得益常常无穷大而且逆向归纳法无效。

在重复博弈的过程中，时间因素是不可忽略的。由于心理作用和资金有时间价值的原因，不同时间获得的单位得益对人的价值是不相等的，对人们决策行为的影响也不同。

解决这个问题的方法是引进将后一阶段得益折算成当前阶段得益的贴现系数，一般可以根据利率计算：$\sigma = 1/(1+r)$，其中 r 是以一阶段为期限的市场利率。显然贴现因子 σ 代表了时间的偏好，而 r 是对时间的偏好率。

我们分别考虑有限次重复和无限次重复中的得益,首先考虑其总得益。

设有一个 T 次重复博弈的某博弈方,其在一均衡下各阶段得益分别为 π_1, π_2, $\cdots$, π_T,那么考虑时间价值时的重复博弈的总得益为:

$$\pi = \pi_1 + \sigma\pi_2 + \sigma^2\pi_3 + \cdots + \sigma^{T-1}\pi_T = \sum_{t=1}^{T}\sigma^{t-1}\pi_t$$

设在无限次重复博弈均衡路径下,某博弈方各阶段得益为 π_1, π_2, $\cdots$,则该博弈方总得益为:

$$\pi = \pi_1 + \sigma\pi_2 + \sigma^2\pi_3 + \cdots = \sum_{t=1}^{\infty}\sigma^{t-1}\pi_t$$

对于无限次重复博弈来说,上述贴现因子 σ 和折算现值的方法是必须的。

如果重复博弈各个阶段的得益均为常数 $\bar{\pi}$,其与各个阶段得益序列 π_1, π_2, $\cdots$ 的值相同,则称 $\bar{\pi}$ 为 π_1, π_2, $\cdots$ 的平均得益。

所以,平均得益是指为得到相等的得益现值而应该在每一阶段都得到的等额得益。采用平均得益的好处在于它能够和阶段博弈的得益直接进行比较,这一点从上面的表述中可以感觉到。

有限次重复博弈不一定需要考虑贴现因子和平均得益。对于无限次重复博弈来说,贴现问题不能被忽视,且平均得益的概念也很重要。由于无限次重复博弈的每一阶段的得益都是 $\bar{\pi}$,总的现值为 $\bar{\pi}/(1-\sigma)$,如果每个阶段的得益为 π_1, π_2, $\cdots$,无限次重复博弈的总得益现值是 $\sum_{t=1}^{\infty}\sigma^{t-1}\pi_t$,显然两者是相等的,因此令:

$$\bar{\pi}/(1-\sigma) = \sum_{t=1}^{\infty}\sigma^{t-1}\pi_t$$

整理得:

$$\bar{\pi} = (1-\sigma)\sum_{t=1}^{\infty}\sigma^{t-1}\pi_t$$

这就是无限次重复博弈平均得益的公式。

通过贴现因子 σ 可以把重复博弈的另一种形式——随机结束的重复博弈与无限次重复博弈进行统一。随机结束的重复博弈可以理解为在进行无限次重复博弈的时候通过抽签决定是否停止重复,假定抽到停止重复的概率为 p,则抽到继续重复的概率为 $1-p$。

设博弈方的阶段性得益为 π,利率为 r,由于继续下一次重复的可能性为 $1-p$,所以第二阶段的博弈预期得益为 $\pi_2(1-p)/(1+r)$,同理可得第三阶段博弈的预期得益为 $\pi_3(1-p)^2/(1+r)^2$。

综上所述,重复博弈中预期得益的现值为:

$$\pi = \pi_1 + \pi_2(1-p)/(1+r) + \pi_3(1-p)^2/(1+r)^2 + \cdots = \sum_{t=1}^{\infty}\frac{(1-p)^{t-1}}{(1+r)^{t-1}}\pi_t$$

将随机结束的重复博弈与无限次重复博弈结合起来,则上式等价于:

$$\sum_{t=1}^{\infty}\left(\frac{1-p}{1+r}\right)^{t-1}\pi_t = \sum_{t=1}^{\infty}\sigma^{t-1}\pi_t$$

所以不需要单独分析随机结束的重复博弈的预期得益。

7.2 有限次重复博弈

本节主要介绍有限次重复博弈及其经典模型，本节有限次重复博弈是在不考虑贴现因子的情况下进行的。

7.2.1 唯一纯策略纳什均衡的有限次重复博弈

在分析有唯一纯策略纳什均衡的有限次重复博弈之前，先看一个没有纯策略纳什均衡的零和博弈的重复问题。

1. 零和博弈的有限次重复博弈

有限次重复的零和博弈是指两个参与人在有限的回合数内进行博弈，每一回合的博弈结果对于双方来说都是零和的，即一个参与人的得益等于另一个参与人的损失。在这种情况下，参与人可以通过采取不同的策略来最大化自己的得益。这可以通过使用博弈论中的一些策略来实现，如恶性报复策略、触发策略等。在有限次重复博弈中，参与人的行动往往受到之前回合行动的影响。因此，参与人需要考虑自己当前行动对未来回合的影响，并基于这些考虑做出决策。这种策略的选择往往涉及对对手行动的预测和对重复博弈的总体结果的评估。在这种类型的博弈中，一种普遍的策略是利用威胁和奖励来激励对手采取合作的行动。通过威胁报复或奖励合作，参与人可以诱使对手采取自己希望对方采取的行动。这种策略通常可以促进双方之间的合作，并导致更好的博弈结果。总之，有限次重复的零和博弈提供了参与人在博弈过程中更多的行动选择和策略选择的机会，同时也提供了通过合作和威胁来影响对手行动的可能性。这使参与人能够在博弈过程中追求更好的得益。

如果采用逆推归纳法来分析，最后一次重复就是原零和博弈本身，采用原博弈的混合策略纳什均衡策略是唯一合理的选择。倒数第二个阶段，理性的博弈方都知道最后的结果，因此在该阶段，也不可能有合作的可能性。在整个零和博弈的有限次重复博弈中，所有博弈方的唯一选择就是始终采用原博弈的混合策略纳什均衡策略。

2. 员工困境式博弈的有限次重复

员工困境式博弈就是有唯一纯策略纳什均衡的博弈。在这里提出一个问题：在以这样的博弈为原博弈的有限次重复博弈中，博弈双方的行为和博弈结果会不会发生本质的变化呢？假设原博弈唯一的纯策略纳什均衡本身就是帕累托效率意义上的最佳策略组合，那么有限次重复博弈显然不会改变博弈的行为方式。

在一次性静态博弈的情况下，有一个小组长和两名员工，前提条件是小组长比较严苛；如果两名员工都听从小组长吩咐，则奖金等待遇一样，但员工都超负荷工作；如果某人不听从吩咐，其他人听从吩咐，则此人下岗，其他人继续工作；如果所有人都不听从小组长吩咐，则小组长下岗。但是由于员工之间信息是不透明的，每个人都担心别人听话自己不听话而下岗，所以，大家只能继续做繁重的工作。

由表 7.2 可知每个员工都有两种策略，听从小组长安排或者不听从，从员工 1 的视角考虑,如果员工1听从小组长安排,不论员工2怎么选择他都能获得得益;相同的,员工2也会选择听从安排来获取得益。

表7.2 员工博弈得益矩阵(1)

		员工2	
		听从	不听从
员工1	听从	5,5	8,0
	不听从	0,8	3,3

采用逆推归纳法对重复博弈第二阶段进行研究。很显然第二阶段是两个员工之间展开的两难博弈模式,由于前一阶段的结果已经成为既成事实,对这一阶段不再产生任何影响,因此实现自身当前的最大利益是两个博弈方在这一阶段决策中的唯一原则。两人在第二阶段的唯一结果就是原本比赛中唯一的纳什均衡(听从,听从),双方受益(5,5),两人配合的结果并未出现。

现在回到第一阶段。因为理性的博弈方在第一阶段的结果必然是(听从,听从),而双方得益(5,5),因此不管第一阶段的博弈结果是什么,双方在整个重复博弈中的最终得益,都将是在第一阶段得益的基础上各加5,如表7.3所示。

表7.3 员工博弈得益矩阵(2)

		员工2	
		听从	不听从
员工1	听从	10,10	13,5
	不听从	5,13	8,8

表7.3得益矩阵中的得益是原博弈得益矩阵的所有得益上加5得到的,不改变博弈结果的均衡性。该等价博弈有唯一纯策略纳什均衡(听从,听从),双方的得益则为(10,10)。这说明两次重复博弈的第一阶段结果和一次性博弈一样,两个阶段重复博弈的唯一子博弈完美纳什均衡解就是第一阶段的(听从,听从)和第二阶段的(听从,听从)。从该结果可以看出两次重复的员工困境仍然相当于一次性员工困境博弈的简单重复。

如果博弈的次数增加,可以发现其结果是一样的,即每一次重复都采用原博弈唯一纯策略纳什均衡(听从,听从),这就是这种重复博弈唯一的子博弈完美纳什均衡路径。

这种唯一纯策略纳什均衡博弈在有限次重复的过程中得到的结果都是第一阶段的结果的重复,在商业竞争中的应用十分广泛。

3. 产品定价博弈

假设市场上有两家相互竞争的企业对某种产品进行定价,表7.4给出了其一次性完全信息静态博弈的得益矩阵。

如表7.4所示,两家企业都有两种定价策略,即高价或低价,如果两家企业都选择采取低价策略则都可以获得30个单位的得益,如果两家企业都选择高价策略,则都可以获得50个单位的得益,如果企业1选择低价策略,企业2采用高价策略,由于企业1定价低抢占的市场份额较多,因此可以获得80个单位的得益,而企业2由于定价过高失去一部分市场份额，只能获得 20 个单位的得益。假设市场只存在两家企业竞争的情况下，两家企业都不知道对方会采取哪种低价策略，为了保证获取较高得益，最终双方会选择唯一纯策略的纳什均衡，即(低价，低价)的策略。

表 7.4 产品定价博弈得益矩阵

		企业 2	
		低价	高价
企业 1	低价	30，30	80，20
	高价	20，80	50，50

现假设将两家企业的定价博弈进行多次重复，如果博弈双方达成共识都采取高价策略，则在有限次重复博弈的过程中，两家企业都会获得 50 个单位的得益；如果其中一家企业为了获得更高得益选择在实际过程中不与对方进行合作，在第一阶段的博弈过程中采取低价策略抢占市场份额，获得更高得益，在第二阶段的博弈过程中，遭遇背叛的企业会进行报复性定价策略。这样，在第一阶段选择不合作的企业得益长期累计，总得益小于双方合作继续维持高价所得，长期进行下去首先选择背叛的企业往往会得不偿失。

显然在如上进行的重复博弈中，采用逆推归纳法分析，在重复博弈的倒数第二阶段的博弈中，博弈双方都不会担心由于自己不选择合作而受到对方在最后一个阶段进行报复行为，所以博弈双方在进行倒数第二阶段的博弈时，仍然不会选择合作，最终会采取(低价，低价)策略达到纳什均衡。

通过上述两个模型的讨论，进一步表明只要博弈的重复次数是有限的，在一次博弈过程中每个博弈方的所有得益各自加上相同的值不会改变博弈的结果，而且选择的策略是唯一纯策略的纳什均衡。

4. 竞价模型

根据上述模型所得出的一般结论，将其应用于寡头市场削价竞争博弈中进行讨论。

如表 7.5 所示，在经济市场中存在只有少数几家企业存在的寡头市场，且 4 年内不会有别的企业进入，展开以下有限次博弈的讨论。

在一次性博弈的过程中，两个寡头如果采取合作策略都制定高价，那么双方都可以获得 80 个单位的较高得益，而我们已知前提条件是 4 年内不会有其他企业进入市场抢占份额，因此可以把这次博弈看作有限次的重复博弈。

由于存在唯一纯策略纳什均衡，根据上述员工困境博弈和定价博弈中得出的结论，以该博弈为原博弈的有限次重复博弈的唯一的子博弈完美纳什均衡，就是两博弈方重复 4 次原博弈的纳什均衡策略，即降价策略，不管重复的次数是多少，该结果都不会改变。

表 7.5 寡头市场削价博弈得益矩阵

		寡头 2	
		低价	高价
寡头 1	低价	60，60	100，20
	高价	20，100	80，80

7.2.2 多个纯策略纳什均衡博弈的有限次重复博弈

之前我们讨论了有唯一纯策略纳什均衡的有限次重复博弈,如果企业可选择的定价策略变多,那么是否还会存在唯一纯策略?下面展开讨论。

1. 企业定价的重复博弈和触发策略

假设在某一商业中心存在两家店铺销售同一类型的商品且在产品质量方面默认不存在差异,两家店铺在销售策略上制定了低、中、高三种价格策略。如表 7.6 所示,假设在选择低价时市场总利润为 6,选择中价时市场总利润为 10,选择高价时市场总利润为 12。两家店铺同时进行定价,此时开头提出的问题便出现了。

首先从店铺 1 的视角出发进行价格选择,在不知道店铺 2 选择什么价格策略的前提下,第一次选择高价策略,发现只有当店铺 2 同样选择高价策略时店铺 1 才能从中获益;考虑第二种中价策略,发现中价策略下获利的可能性相较于第一次选择增加了;如果选择第三种低价策略,店铺 1 都能从中获利。同理,店铺 2 也是一样的选择思路。

表 7.6 三价博弈得益矩阵

		店铺 2		
		高价	中价	低价
店铺 1	高价	6, 6	0, 7	0, 4
	中价	7, 0	5, 5	0, 4
	低价	4, 0	4, 0	3, 3

根据分析发现存在两个纯策略的纳什均衡,即(中价,中价)(低价,低价)。由表 7.6 可知,原博弈有 9 种可能的策略组合,因此当博弈不断重复时,所出现的可能性结果也会增加,而两次重复博弈的可选路径包括 9×9=81 种,如果采取混合策略可选择的路径更多。在进行两次博弈的过程中,如果想要进行子博弈完美纳什均衡路径,博弈双方选择的第一阶段路径应该为(高价,高价),第二阶段路径应该为(中价,中价)。

在这条路径中,由于第二阶段(中价,中价)是一个原始的纳什均衡,所以不会有哪一方愿意单独跑偏。在第一阶段中,虽然(高价,高价)并不是最初博弈的纳什均衡,但如果一方单独背离,采用中价可以增加 1 单位效益,这样做的后果是会导致第二阶段中至少要损失 2 个单位的效益,因为对方采用的是有报复机制的策略。这证明上述策略组合,的确是这场重复博弈的完美纳什均衡。上述重复博弈双方显然在第一阶段(高价,高价)背离是得不偿失的,毫不犹豫地选择高价,才是理性的选择。这是博弈双方采用的一种触发策略,即双方先尝试合作,如果双方都选择了合作,那么下一阶段的合作将会持续下去;一旦选择不合作,就会触发之后的各个阶段不再互相配合。

继续对以上两次重复博弈进行分析。当博弈双方都采用上述触发策略,即在第一阶段选择(高价,高价)时,第二阶段一定是(中价,中价),得益为(5,5);而如果第一阶段结果是其他 8 种结果中的任何一种时,第二阶段就会是(低价,低价),得益为(3,3),如果把(5,5)加到第一阶段(高价,高价)的得益上,把(3,3)加到第一阶段其他 8 种策略组合的得益上,就将原来的两次重复博弈变成了一次性的等价博弈。其得益矩阵如表 7.7 所示。

表 7.7　三价博弈得益矩阵

		店铺 2		
		高价	中价	低价
店铺 1	高价	11, 11	3, 10	3, 7
	中价	10, 3	8, 8	3, 7
	低价	7, 3	7, 3	6, 6

通过表 7.7 可以发现此时重复博弈的纯策略纳什均衡有了三种情况，即(高价，高价)(中价，中价)(低价，低价)，这三种策略都是博弈双方的最好定价策略。

通过上述博弈的过程发现，触发策略在重复博弈进行的过程中发挥了巨大作用。

在博弈论中，触发策略(Trigger Strategy)指的是博弈双方采取的策略，该策略会在其他博弈对手采取特定行动时被触发。触发策略通常用于博弈中的合作与背叛问题，主要是为了激励其他博弈对手采取有利于自己的行动。下面介绍几种常见的触发策略。

(1)"恶性报复"触发策略：如果其他博弈对手背叛或违背合作协议，该博弈方会立即以同样的方式进行报复。这种策略旨在通过威慑他人来维持合作。

(2)"包容和报复"触发策略：博弈方一开始采取合作策略，但如果其他博弈方背叛，该博弈方会采取报复性的背叛策略。然而，一旦其他博弈方选择重新合作，该博弈方也会转变回合作策略。

(3)"无条件合作"触发策略：博弈方始终采取合作策略，不考虑其他博弈方的行动。这种策略表明了博弈方的合作意图，而无论其他博弈方的选择如何，自己都将继续合作。

(4)"有限次数背叛"触发策略：博弈方一开始采取合作策略，并且只有在其他博弈方背叛一定次数后才会转变为背叛策略。这种策略可以激励其他博弈方始终合作，以避免被触发背叛。

触发策略的设计与模型的设定密切相关，不同的触发策略可能对博弈双方的得益产生不同的影响。在博弈论中，触发策略的选择是博弈方根据自身利益和对其他博弈方行为的预测来做出的决策。

在上述企业定价博弈模型的分析中，即使在第一阶段有一方偏离了(高价，高价)，但另一方在第二阶段除了(低价，低价)之外，还可以选择中价策略，此时选择中价策略肯定比选择低价策略理想，选择中价策略是更为理性的选择，也就是说在博弈过程中，博弈双方是否会更加理性地看待背叛。

导致触发策略中报复机制的可信性问题发生的原因和机制是复杂而多样的，但有几个常见的原因和机制：

(1)信息不对称。触发策略中的报复机制可能会受到策略参与人之间信息不对称的影响。一方面，参与人可能没有完全了解对方的意图和反应，从而导致错误的判断和行动触发报复机制；另一方面，参与人可能有意隐瞒或误传信息，以获得更有利的地位或达到自己的目的。

(2)不完全理性。在触发策略中，参与人的行动和反应可能并非完全理性。他们可能受到情感、偏见、压力或其他非理性因素的影响，导致错误的决策和行为，从而引发报复机制。此外，不完全理性还可以是错误的判断、过度自信或缺乏信息等引起的。

(3)多方参与。在多方参与的情况下，触发策略中的报复机制可能受到多个参与人之间的相互作用和影响。他们的行动和反应可能相互依赖,形成复杂的动态关系和反馈环路。这可能导致博弈的不稳定性和不确定性,从而使报复机制变得难以预测和控制。

(4)难以验证。触发策略中的报复机制难以直接观察和验证。因为它们通常涉及参与人的内部思维和情感过程,而这些过程很难通过外部观察和测量来确定。这使我们很难准确地了解和解释报复机制的发生和影响,从而降低了其可信性。

总之,触发策略中报复机制的可信性问题是由于信息不对称、不完全理性、多方参与和难以验证等复杂因素的相互作用而产生的。面对这些问题,我们需要提高信息的公开透明性,加强参与人的理性思考和决策能力,推动合作和协调机制的建立,以有效地解决和管理报复机制带来的风险和不确定性。与此同时,我们应该也知道触发策略在大多数情况下是可信的,为了提高触发策略的可信性,需要采取一系列措施,如增强信息透明度、促进合作和协调、提高参与人的理性思考能力等。此外,建立有效的机制来监测和管理潜在的报复机制也是重要的。

2. 市场重复博弈和触发策略

假设现在存在两家企业,同时面临着 M 和 N 两个市场,而且每家企业只有选择一个市场进行开发的能力,也就是说企业要么进入 M 市场,要么进入 N 市场。现根据 M 和 N 两个市场的不同状况编制如表 7.8 所示的得益矩阵。关于这个得益矩阵我们可以理解为 M 市场是一个新市场,很难开发,仅仅靠一家企业难以很好地开发这个市场,若两家企业共同开发就能很好地开发这个市场。N 市场是开发程度较高的衰退的市场,不足以承受多家企业在其中进行竞争。只有一家企业选 N 市场时,才可获得比较可观的得益。如果两家企业都想在这个市场进行开发则完全无利可图。

表 7.8 市场重复博弈得益矩阵

		企业 2	
		M	N
企业 1	M	5, 5	1, 7
	N	7, 1	0, 0

显然,上述一次性博弈有两个纯策略纳什均衡(M,N)和(N,M),得益分别为(1,7)和(7,1)。此外,该博弈还有一个混合策略纳什均衡,企业 1 和企业 2 都以同样的概率在 M、N 之间随机选择,双方期望得益都等于 $0.25 \times (5+1+7+0) = 3.25$。

现在两家企业在不合作的条件下,彼此博弈的思路是:既希望自己独占 N 市场获得高利润,又担心两家企业都挤在 N 市场造成两败俱伤,也不想自己独自开发 M 市场承担风险。根据这一思路,企业双方只有采取混合策略。因此在一次性博弈中的最佳结果(M,M)无法实现,而且在次佳的纳什均衡(M,N)和(N,M)上达成共识也不容易。

考虑博弈重复两次时的情况。上述博弈的两次重复博弈均衡路径有 $4 \times 4 = 16$ 条,例如,两次重复都采用原博弈同一个纯策略纳什均衡,第一次博弈选择(M,N),第二次仍然选择(M,N),或第一次博弈选择(N,M),第二次仍然选择(N,M),都是子博弈完美纳什均衡路径;两次博弈采用混合策略均衡也是博弈完美纳什均衡路径;双方轮流去两个市场,企业 1 在第一阶段去 M 市场、第二阶段去 N 市场,企业 2 在第一阶段去 N 市场、第二阶段去 M 市场，即从(M，N)到(N，M)，也是一条子博弈完美纳什均衡路径等。所有这些子博弈完美纳什均衡中两博弈方的策略都是无条件的，后一次博弈的选择并不取决于第一次博弈的结果。下面分析上述几种不同的子博弈完美纳什均衡的得益情况。

(1)连续两次采用同一个纯策略纳什均衡的路径，双方平均得益分别是(1，7)和(7，1)。

(2)两次采用混合策略纳什均衡，则双方平均期望得益为 3.25；采用轮换策略，即由(1，7)或(7，1)转向(7，1)或(1，7)，则平均得益为(7+1)/2=4。

(3)一次纯策略、一次混合策略的双方平均得益分别是(2.13，5.13)和(5.13，2.13)，如图 7.1 所示。

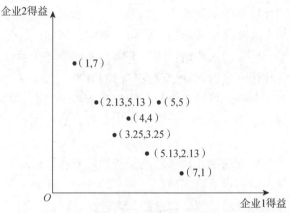

图 7.1　两市场博弈及重复博弈各均衡的平均得益

第一种情况下的均衡总得益比较高，但双方得益很不平衡，而混合策略平均期望得益较低，双方采用轮换策略的结果则比前两种情况都要好一些，但该结果与最理想的结果(M，M)即获得(5，5)的得益还有比较大的差距。对照多阶段竞争博弈的分析，我们发现该博弈之所以不能实现最佳结果(M，M)，正是因为在这个两次重复博弈中博弈方没有运用触发策略的条件。

首先讨论三次重复博弈的情况，此时重复三次采用触发策略成为可能。假设企业 1 和企业 2 可以分别采用以下触发策略：

企业 1：第一阶段选 M。如果第一阶段结果是(M，M)，则第二阶段继续选策略 M；如果第一阶段结果是(M，N)，则第二阶段选策略 N。第三阶段仍然选策略 N。

企业 2：第一阶段选策略 M，第二阶段无条件选策略 N。如果第一阶段结果是(M，M)，则第三阶段策略发生改变，选择 M；如果第一阶段结果是(N，M)，则第三阶段选策略 N。

依据上述策略，三次重复博弈的均衡路径是(M，M)到(M，N)再到(N，M)。显然第二阶段、第三阶段本身就是原博弈的纳什均衡，不存在哪一方愿单独偏离。

如果我们进一步加大两市场博弈的反复，例如 201 次的反复。这时候，如果企业 1 采用以下触发策略："在前 199 次中都选 M，但从其中的第二次开始，一旦发现哪次的结果不是(M，M)，则改为策略 N 并坚持到底，最后两次重复与三次重复博弈后两次重复的策略相同"，企业 2 采用以下触发策略："在前 199 次中都选策略 M，但从其中的第二次开始，一旦发现哪次结果不是(M，M)，则改为策略 N 并坚持到底，最后两次重复与三次重复博弈后两次重复的策略相同"，我们不难证明，双方上述触发策略也构成一个子博弈完美纳什均衡，双方的每阶段平均得益是(199×3+1+7)/201=3，非常接近于原博弈效率最高的非均衡策略组合的得益。

在有限次重复博弈中，存在多个纯策略纳什均衡的情况下，博弈的结果可能会受到影响。具体而言，有限次重复博弈可能会导致参与人在不同回合中采取不同的纳什均衡策略，这取决于他们的行动规则和对其他参与人的预期。

在有限次重复博弈中，参与人可以选择采用触发策略来鼓励合作和惩罚背叛。触发策略是在博弈中的某个特定事件或条件发生时，参与人将采取特定行动的一种策略。

对于多个纯策略纳什均衡的重复博弈，如果参与人采用触发策略，他们可以通过威胁和惩罚来推动其他参与人选择某个特定的纳什均衡策略。例如，如果一个参与人在某个回合中选择了一个不利于其他参与人的纳什均衡策略，其他参与人可以通过采取不合作的行动来惩罚该参与人，并在接下来的回合中改变自己的策略。

通过使用触发策略，参与人可以建立起一种相互依赖的关系，激励其他参与人坚持合作行为。这样，即使博弈中存在多个纯策略纳什均衡，参与人也可以通过触发策略来形成合作。

需要注意的是，多个纯策略纳什均衡的重复博弈可能会导致不同的触发策略路径和结果。博弈参与人的理性和预期行为将在博弈的每一回合中起到重要的作用，他们可能会根据其他参与人的反应和博弈进展来调整自己的策略选择。因此，在具体情境中，需要综合考虑博弈的特性、参与人的目标和预期，以及触发策略的效果，来分析博弈的结果。

7.2.3　有限次重复博弈的民间定理

有限次重复博弈的民间定理，是指在一个有限次重复博弈中，理性的博弈参与人可以通过威胁和惩罚来达成与无限次重复博弈中相似的合作结果。这个定理强调了在有限次重复博弈中，为了获得更好的结果，参与人可以通过采用触发策略来激励其他参与人合作，同时威胁采取惩罚措施以防止背叛。

基本思想是，如果某个参与人在某一轮博弈中背叛了合作伙伴，那么在接下来的博弈中，合作伙伴可以采取惩罚性行动，即对背叛者采取不合作的策略，以降低背叛者的得益。这种威胁和惩罚的机制可以促使参与人在多次博弈中坚守合作，因为他们知道如果背叛，将会面临长期损失。

有限次重复博弈的民间定理的关键假设是博弈有一个已知的有限次数，并且参与人足够理性，能够计算长期效用，能够执行威胁和惩罚策略。这个定理在经济学和博弈论中具有重要的应用，特别是在解释合作和竞争行为的情境下，例如寡头垄断市场中的价格竞争和协作、国际贸易谈判等领域。

需要注意的是，民间定理并不总是适用于所有类型的博弈，它依赖于特定的博弈结构和参与人的理性程度。在某些情况下，即使有限次重复博弈，合作可能仍然很难实现。因此，在具体情境中，需要仔细考虑博弈的特性和参与人的行为模式。

7.3 无限次重复博弈

7.3.1 有纯策略纳什均衡的无限次重复博弈

在具有纯策略纳什均衡的无限次重复博弈中，可以考虑一种情况，即存在一个稳定的策略组合，使每个参与人在每轮博弈中都能选择最优的纯策略，以达到纳什均衡。例如，考虑一个重复进行的囚徒困境博弈。其中两名囚徒可以选择合作（采取合作策略）或背叛（采取背叛策略），并根据选择获得不同的奖励。在这种情况下，如果双方都选择合作，奖励最大；但如果一方选择背叛而另一方选择合作，则选择背叛的一方获得最大奖励，而合作的一方获得最小奖励。

在无限次重复囚徒困境博弈中，如果每轮博弈参与人都选择合作，那么双方都能获得最大奖励。如果一方选择背叛，但另一方选择继续合作，那么在下一轮博弈中选择背叛的一方可能会受到惩罚，因此在长期双方可能都会选择合作，以获得最大奖励，这就构成了一个纳什均衡。

总的来说，在无限次重复博弈中，通过合适的策略选择，可以实现纳什均衡，使参与人在长期获得最优的奖励或效用。不过，具体的策略和博弈的规则会根据具体的博弈场景而异。

1. 两人零和博弈的无限次重复博弈

在这里继续沿用之前提到的员工困境博弈模型。在有限次重复博弈的情况下，由于在原博弈中博弈方的利益是对立的，重复博弈没有改变博弈的利益对立关系，两人不可能合作，所以员工为了实现自己的利益还是会选择原有纳什均衡策略。因此，两人零和博弈的有限次重复结果与一次性博弈是一致的。

在无限次重复博弈中，博弈的均衡结果通常是达到合作状态。如果博弈双方建立了足够的信任和合作的约束，双方都有动力选择合作策略，以获取双赢的结果。但如果双方缺乏合作意愿或者遭遇到缺乏约束的策略，非合作和背叛可能会成为主要的选择，导致较低的均衡结果。总之，在两人零和博弈的无限次重复博弈中，选择合作策略和建立互惠与合作的机制对于实现长期双赢是关键。不同的策略和约束条件会产生不同的博弈结果和均衡状态。

2. 企业定价的无限次重复博弈

假设有两家企业，它们在同一个市场上销售类似的产品，并且可以自由选择定价策略。每个企业的利润取决于自己的定价策略以及对手的定价策略，如表 7.9 所示。

在单次博弈中，在某一特定时刻，企业 1 会选择定价策略，而企业 2 会根据这个定价选择最优的反应策略，两者的利润则根据定价策略上的对应结果确定。在这个博弈中，企业 1 和企业 2 都希望能够最大化自己的利润，而这通常意味着尽可能高的定价。

然而，如果这个博弈重复进行，参与人可以根据之前的博弈结果来调整他们的策略。如果每轮博弈参与人都选择定价策略以最大化自己的利润，那么很可能会出现价格战的情况，这对双方都不利。因此，有可能在博弈的前几轮中会出现较高的价格竞争，但是随着博弈的进行，双方可能会逐渐趋于某个稳定的价格水平，以平衡彼此的利润。

表 7.9 企业定价的无限次重复博弈得益矩阵

		企业 2	
		低价	高价
企业 1	低价	1, 1	6, 0
	高价	0, 6	4, 4

从企业 1 的角度考虑：企业 1 如果制定高价策略，在企业 2 选择高价策略的情况下，两家都可以获得 4 个单位的得益，但当企业 2 选择低价策略抢占市场时，企业 1 将无利可图；如果企业 2 制定低价策略，要么和企业 1 平分市场，要么可以独占市场，相较之下企业 1 存在唯一纯策略的纳什均衡，即（低价，低价）。然而这种情况相较于（高价，高价）策略所获取的得益较小。

接下来考虑无限次重复博弈中的状况。在无限次重复博弈中博弈双方首先进行合作，选择高价策略，如果发现对方同样采取合作策略，则下一阶段继续选择合作实施高价策略，如果一旦发现对方没有按约定履行合作，则以后实施低价策略进行报复，从而导致双方不再进行合作。通过引入贴现因子的方式可以得到以下计算。

要证明在假设企业 1 已采用了上述触发策略的条件下，当 σ 达到某个水平时，采用同样的触发策略是企业 2 的最佳反应策略。因为企业 1 与企业 2 是相同的博弈思路，因此只要这个结论对企业 1 成立，对企业 2 也同样成立，这样就可以确定上述触发策略是两博弈方相互对对方策略的最佳反应，从而构成纳什均衡。由于在某个阶段出现与（高价，高价）不同的结果以后企业 1 将永远选择低价策略，因此企业 2 也只有一直选择低价策略。现在剩下的就是要分析企业 2 在第一阶段的最优反应。

如果企业 2 采用低价策略，那么在第一阶段能得到 6 个单位的得益，但以后引起企业 1 一直采用低价策略的报复，自己也只能一直采用低价策略，得益将永远为 1 个单位，总得益的现值为：

$$\pi = 6 + 1 \times \sigma + 1 \times \sigma^2 + \cdots = 6 + \frac{\sigma}{1-\sigma}$$

显然，企业 2 如果采取高价策略，在第一阶段的博弈中将得到 4 个单位的得益，在下一阶段博弈中增加选择的困难性。若用 V 记企业 2 在该博弈中每阶段都采用最佳策略选择时的总得益的现值，由于第二阶段开始的无限次重复博弈与从第一阶段开始的只差一阶段，因此在无限次重复时可看作相同的，其总得益的现值折算成第一段的得益为 σv，因此当第一阶段的最佳选择是高价策略时，整个无限次重复博弈总得益的现值为：

$$V = 4 + 4 \times \sigma + 4 \times \sigma^2 + \cdots = \frac{4}{1-\sigma}$$

因此，当 $\frac{4}{1-\sigma} > 6 + \frac{\sigma}{1-\sigma}$ 时，企业 2 将采取高价策略，否则采取低价策略。

也就是说，企业 2 对企业 1 触发策略的最佳反应是第一阶段采用策略。因此只要企业 1 采用前述的触发策略，那么企业 2 的最优选择就始终是高价策略。反之，如果企业 1 违背合作偏离高价策略，而采用低价策略，将导致企业 2 也采用低价策略对其进行报复。因此企业 2 对企业 1 触发策略的应对策略是采用和企业 1 同样的触发策略。这说明采取触发策略对博弈双方来说都是稳定的策略，因而是一个纳什均衡。

上面的分析表明，由于在无限次重复博弈中，每一个博弈方都不会采取违约和欺骗的行为而选择合作，因为有报复的存在。而现实生活中的博弈总是有限次的，无限次重复博弈的特点是每一个博弈方都不知道哪一次是最后一次，所以报复策略威胁的存在使各博弈方都会把合作维持下去，换言之，在有限次重复博弈中，如果每一个博弈方在每一次都认为在下一次还要继续相互打交道，这就与无限次重复博弈没什么区别。所以，在不能确定最后期限的有限次重复博弈中，合作均衡是可以存在的。

在无限次重复博弈中，参与人面临在多个时间点上做出决策的机会。这种情况下，他们可以根据对手的过去行为来调整自己的策略。在无限次重复博弈中，避免陷入恶性循环（比如持续的报复和背叛）是关键。通过合作和宽容，可以避免博弈的恶化。子博弈完美纳什均衡为参与人提供了一个稳定的策略基础，帮助他们避免陷入持续的不利状态。这些概念和策略在博弈论和实际商业竞争中都具有重要意义。

7.3.2 无限次重复博弈的民间定理

博弈论中的无限次重复博弈民间定理（Folk Theorem of Infinitely Repeated Games）指的是，在一个博弈过程中，如果有无限次的可重复博弈，那么理性的博弈方可以通过采取适当的策略，实现自己的最佳福利。这个定理所描述的情况在实际中非常常见。

根据无限次重复博弈民间定理，博弈方可以通过威胁进行讨价还价，或者通过采取合作行为来建立声誉。通过建立声誉，参与人可以在多次博弈中通过合作建立信任，从而实现协作行为。另外，参与人还可以通过威胁对手采取报复，从而迫使对手履行协议。然而，要实现最佳结果并不容易。在无限次重复博弈中，参与人可能面临许多约束条件，例如信息不完全、不可靠的承诺以及不确定性等。所以，在实际情况中，参与人需要设计合适的策略，以实现最佳结果。

该定理表明，当每位参与人都有足够的耐心，任何一个可实现的得益向量，只要使每位参与人都获得多于各自所能捍卫的得益，便能在无限次重复博弈中通过纳什均衡来实现。

7.3.3 无限次重复博弈中的"合作"

在无限次重复博弈中，参与人可能会采取一种策略，被称为"冷酷策略"（Grim Trigger Strategy）。这是一种威胁性的策略，用于惩罚对手的背叛行为。冷酷策略的基本思想是，如果一方在任何一次博弈中背叛协议，另一方将不再合作，即进入一个永不合作的状态，并继续以此策略行动。这意味着背叛者永久性的损失，而被背叛者不再为了自己的利益而考虑合作。这种策略的目的是通过威胁牺牲一次合作的利益，来阻止对手背叛。对手意识到如果他背叛，将永远失去合作的机会，从而失去大量潜在的利益，因此会理性地选择继续合作。冷酷策略可以被视为一种震慑策略，通过展示报复决心来维持合作。尽管它可能会导致一次损失，但在长期的博弈过程中，它可以建立起被背叛者的可信度，从而确保对手的合作。需要注意的是，冷酷策略只在无限次重复博弈中才能奏效。在有限次重复博弈中，对手可能会选择在最后一次博弈中背叛，因为它不再面临永久性的损失。因此，在有限次博弈中，冷酷策略可能不会起到预期的效果。综上所述，冷酷策略是一种通过威胁对手的背叛来维持合作的策略，在无限次重复博弈中可以有效地阻止对手的背叛行为。

在无限次重复博弈中，参与人可能会采取另一种策略，被称为"针锋相对策略"(Tit-for-Tat Strategy)。这是一种合作性的策略，用于回应对手的行为。针锋相对策略的基本思想是，一方参与人首先以合作的方式开始，即树立合作的态度。然后，在每一轮博弈中，该参与人根据对手的行为做出相应的回应。如果对手合作，该参与人也会继续合作；而如果对手背叛，该参与人也会以相同的方式进行报复，即选择背叛。针锋相对策略的目的是通过对对手的行为做出即时回应，建立起合作与报复之间的平衡。通过合作，各参与人可以获得最大的共同利益。针锋相对策略的优势在于其简单性和直接性。它不需要复杂的计算或长期计划，只需根据对手的行为做出即时反应。此外，针锋相对策略还具有强大的适应性和稳定性，因为它可以与各种其他策略进行搭配。然而，针锋相对策略也存在一些潜在的缺点。例如，在面对长期背叛的对手时，可能始终保持背叛的状态，导致无法建立合作关系。此外，针锋相对策略也容易被误解或滥用，可能会陷入无限的针锋相对循环中。综上所述，针锋相对策略是一种以合作为基础，通过对对手行为的即时回应来建立合作与报复之间的平衡的策略。它简单且具有适应性，但也可能面临一些挑战。

在无限次重复博弈中，由于博弈重复进行无限次，每个参与人为顾及长远的"合作"得益，便不会贪图短期的"不合作"得益，从而实现成功的"合作"。

接下来，通过技术创新博弈的例子来解释上述理论。

假定市场上有两个实力相当的企业，两个企业在竞争开始时产品是没有差异的，产品质量、市场占有率均相同，两企业沿着相同的路径进行技术创新，若同时成功，两企业同样平分市场。当企业1、企业2都不进行创新时，由于实力相同，利益为(p, p)，当某一企业创新而另一企业不创新时，创新企业的得益为n，不创新企业的得益为m，这时，数量关系为：$n > p > m$。在上述假定下，技术创新博弈得益矩阵如表7.10所示。

表7.10 技术创新博弈得益矩阵

		企业2	
		不创新	创新
企业1	不创新	p, p	m, n
	创新	n, m	q, q

从企业1的角度考虑，如果企业2选择创新，企业1的最优选择也是创新，当双方都选择创新并成功时，双方的得益都为q。从企业2的角度考虑，结果也相同，因此在双方不进行合作的情况下，上述博弈的纳什均衡是(创新，创新)。

如果$p < n$，博弈双方可以进行合作，在合作中，双方都保证永不创新，这时该策略选择比两家企业同时选择创新的得益还要多，增加$p - q$，但在合作(两个企业签订了一个不创新的合同)时，上述均衡可能就是不稳定的，也就是说当任一企业选择创新，而另一企业选择不创新，创新企业将赢得比合作时更多的利益$n > p$。这时，在静态博弈的框架下，两个企业将随机化自己的策略，即任一企业选择创新与不创新的概率分布使另一企业选择创新与不创新的得益是一样的。设某一企业遵守合同(即选择不创新)的概率为A，违背合同的概率为$1 - A$，此时，另一企业遵守合同的期望得益为：

$$Ap + (1 - A)m$$

反之，另一企业违背合同时的期望得益为：

$$An + (1 - A)q$$

令上述两式子相等可得：

$$A = \frac{q - m}{p - n + q - m}$$

也就是说企业将以 $\frac{q-m}{p-n+q-m}$ 的概率进行合作（不创新），以 $1 - \frac{q-m}{p-n+q-m}$ 的概率违背合作（创新）。

现将上述技术创新博弈放到无限次重复博弈的情况下去讨论。

假设企业 1 和企业 2 进行无限次重复博弈，每阶段的得益矩阵仍如表 7.10 所示，博弈开始时，企业处于合作状态即不创新策略，当任一企业违反合同进行创新，另一企业将进行以下触发战略，即一旦某一企业违反合同，在以后阶段另一企业都选择创新。

给定贴现因子 $\sigma = 1/(1 + r)$，r 为利率，则违背合同时的企业得益 R_1 为：

$$p + n\sigma + q\sigma^2 + q\sigma^3 + \cdots = p + n\sigma - q(1 + \sigma) + q\left(\frac{1}{1 - \sigma}\right)$$

履行合同时企业的得益 R_2 为：

$$p + p\sigma + p\sigma^2 + p\sigma^3 + \cdots = p\left(\frac{1}{1 - \sigma}\right)$$

当 $R_1 > R_2$ 时，即 $p + n\sigma - q(1+\sigma) + q\left(\frac{1}{1-\sigma}\right) > \frac{p}{1-\sigma}$ 时，企业选择违反合作，也就是说，当 $0 < \sigma < \frac{n-p}{n-q}$ 时，企业违反合作。当 $\sigma > \frac{n-p}{n-q}$ 时，在合作前提下的纳什均衡就是（不创新，不创新）；当 $0 < \sigma < \frac{n-p}{n-q}$ 时，纳什均衡就是（创新，创新）。

根据上面的分析，若创新将不可避免地发生，则两家企业之间仍有动力合谋，这时，两家企业选择的策略是合作进行技术创新。行业外还可能有潜在的进入者，潜在的进入者可以通过技术创新进入该行业。若进入前，两个企业的总利润为 π_1，如果两家企业通过有效的技术创新成功阻止第三家企业进入市场，则利润为 π_2，如果进入发生，则利润为 π_3，进入者的利润为 π。两家企业阻碍进入的得益为 $\pi_2 - \pi_3$，因此，当 $\pi_2 - \pi_3$ 超过阻碍进入的成本时，则两家企业将抢先进行技术创新以阻止其他企业进入。此时，若两家企业独立进行技术创新，不但总成本会比合作时增加很多，而且由于技术创新力量分散，两家企业也不能享受诸如知识外溢等带来的成本降低，给定 $\pi_2 - \pi_3$，则成本降低越多，两家企业得益越大。如果再考虑技术创新的不确定性，则两家企业合作会增加技术创新成功的可能性，此时合作更有可能发生。因此，当潜在进入者的进入导致 $\pi_2 - \pi_3$，也就是说，进入导致行业总利润下降时，则潜在的进入压力可以使两企业合谋。

在无限次重复博弈中，合作是一个重要的策略，可以通过不断的合作行为来实现长期共同利益。合作的关键在于建立信任和维持合作关系，以获得最大的福利。

以下是一些关于无限次重复博弈中合作的关键要点。

（1）建立声誉：合作者可以通过在初始阶段展示合作意愿并遵守协议来建立声誉。这将使其他博弈方更有信心与他们合作，因为他们知道合作者是可信的。

（2）针锋相对策略：如前所述，针锋相对策略是一种合作策略，一方参与人以合作的方式开始，并对对手的行为做出即时回应。这可以建立起合作与报复之间的平衡，鼓励合作。

(3) 威胁和震慑：合作者可以使用威胁来阻止对手背叛，例如采用冷酷策略。通过威胁对手在背叛时会面临更大的损失，合作者可以维持对手的合作意愿。

(4) 策略多样性：在无限次重复博弈中，参与人可以尝试不同的策略，并根据对手的行为做出调整。这种策略多样性有助于应对不同情况和对手。

(5) 共同目标：合作者可以将长期福利作为共同目标，而不仅仅关注每一轮博弈的瞬时利益。这有助于维持合作，并使参与人更愿意为了长期利益而合作。

需要注意的是，尽管合作在无限次重复博弈中可以带来长期福利，但也存在风险。如果参与人无法建立信任或对手一直背叛，合作可能会破裂。因此，在选择合作策略时，参与人需要考虑如何应对不同情况，并根据对手的行为做出适当的决策，以实现最佳结果。

思考题

1. 名词解释：重复博弈、重复博弈的子博弈、触发策略。
2. 简答题。
 (1) 重复博弈的基本特征。
 (2) 重复博弈的意义。
3. 论述题。
 (1) 简要论述重复博弈的子博弈完美纳什均衡的例子。
 (2) 无限次重复博弈中合作的关键点。

参考答案

1. 答：(1) 重复博弈指的是结构相同的动态博弈。重复博弈指静态或动态博弈的重复进行，也可以说是重复进行的过程。

(2) 重复博弈的子博弈：在重复博弈中，子博弈可以用来分析和研究博弈中的特定情况和策略。子博弈通常发生在连续博弈中的某个时间点，或者在离散博弈中的某个决策节点。

(3) 触发策略指的是博弈双方采取的策略，该策略会在其他博弈方采取特定行动时被触发。触发策略通常用于博弈中的合作与背叛问题，主要是为了激励博弈对手合作或避免背叛。

2. 答：(1) 重复博弈的基本特征：前一个阶段博弈并不改变后一个阶段博弈的结构。例如，玩"剪刀石头布"，上一次出什么，不影响下一次出什么。

每一个阶段博弈参与人都能观测到该博弈过去的历史。也就是说，在过去的博弈中，每个参与人选择欺骗还是诚实，选择合作还是不合作，这些行为都可以被观察到。

参与人总得益是所有阶段博弈得益折现值之和或者加权样本均值。参与人不仅关心当下利益，还关心未来利益。

(2) 重复博弈的意义：重复博弈在形式上是基本博弈的重复进行，但重复博弈会使博弈双方更注重考虑长远利益，使博弈方为了得到预期利益而约束自身行为，从而影响博弈方的策略选择和博弈的结果。

社会经济活动中既包括短期一次性活动，也包括许多长期反复的合作和竞争活动，这些在博弈方之间进行的长期重复的合作和竞争关系中，博弈方关于未来行为的威胁或承诺会影响他们彼此当前的行为。

3. 答：(1)子博弈完美纳什均衡的一个例子可以通过考虑一个无限次重复的囚徒困境博弈来说明。在这个博弈中，如果两名囚徒都选择合作，他们都能获得相对较短的刑期。然而，如果一方选择背叛而另一方选择合作，那么选择背叛的一方会得到最短的刑期，而选择合作的一方会得到最长的刑期。在每个子博弈中，如果参与人都选择合作，那么他们都无法通过改变策略来获得更高的得益，因为合作是最优的选择。如果一方选择背叛而另一方选择合作，那么选择背叛的一方虽然能够获得最短的刑期，但在下一轮子博弈中可能会受到对方的惩罚，因此也无法通过改变策略来获得更高的长期得益。

(2)无限次重复博弈中合作的关键要点有：

建立声誉：合作者可以通过在初始阶段展示合作意愿并遵守协议来建立声誉。这将使其他博弈方更有信心与他们合作，因为他们知道合作者是可信的。

针锋相对策略：针锋相对策略是一种合作策略，博弈方以合作的方式开始，并对对手的行为做出即时回应。这可以建立起合作与报复之间的平衡，鼓励合作。

威胁和震慑：合作者可以使用威胁来阻止对手背叛，例如采用冷酷策略。通过威胁对手在背叛时会面临更大的损失，合作者可以维持对手的合作意愿。

策略多样性：在无限次重复博弈中，博弈方可以尝试不同的策略，并根据对手的行为做出调整。这种策略多样性有助于应对不同情况和对手。

共同目标：合作者可以将长期福利作为共同目标，而不仅仅关注每一轮博弈的瞬时利益。这有助于维持合作，并使博弈方更愿意为了长期利益而合作。

第八章 合作博弈理论

博弈根据是否可以达成具有约束力的协议分为合作博弈(Cooperative Game)和非合作博弈(Uncooperative Game)。本章介绍的合作博弈理论是博弈理论的重要环节，该理论包含议价博弈理论和联盟博弈理论。合作博弈理论与非合作博弈理论之间关系密切，但二者在思想方法、解概念、方法论及应用等方面存在较大差别。本章将对合作博弈的基本理论和分析方法进行简单介绍。

8.1 合作博弈概述

博弈有很多种分类方式，但是我们常用的分类方式，如动态博弈及静态博弈、纯策略博弈及混合策略博弈、完全信息博弈及非完全信息博弈等，绝大多数都建立在非合作博弈的基础上。而合作博弈的研究与非合作博弈不同，是一个单独的领域。

合作博弈中允许参与人互相协调或相互结盟以提高自己的利益。合作博弈与非合作博弈的主要区别在于非合作博弈强调个体理性，而合作博弈强调的是集体理性。从另一个方面理解：合作博弈中存在具有约束力的合作协议。

合作博弈形成条件：

(1) 联盟的整体得益大于每个参与人单打独斗的得益之和。

(2) 每个参与人都能获得比不加入联盟更高的得益。

合作博弈的一般表示：

$[I, V]$ 是一个 n 人合作博弈，I 表示 n 个参与人的集合，S 是 I 的任意子集，表示一个联盟，$V(S)$ 是这个 n 人合作博弈的特征函数，描述了联盟的效益。

合作博弈要解决两个问题：一是如何构建联盟，即考虑联盟的稳定性问题；二是如何分配得益，即考虑联盟的公平性问题。

对于第一个问题，需要考虑联盟的稳定性，将通过核进行探讨。对于第二个问题，需要考虑联盟的公平性，这个问题将通过夏普利值(Shapley Value)进行探讨。

8.1.1 合作博弈的核

对于博弈 $G=(N, v)$，分配向量 x 若满足 $\forall S \subset N, \sum_{i \in S} x_i \geq v(S)$ 则称 x 在 G 的核中。

核是联盟博弈中一种利益分配的集合。集合中的每一个利益分配方案，均使任何参与人都不能够通过组成联盟来提高他们自己的总和得益。

在一个合作博弈中，满足帕累托标准的联盟结构称为博弈的一个有效解，所有有效解的集合称为该博弈的解集。但是解集并不都是稳定的，如果一个联盟结构能使所有参与人都不能从联盟重组中获益，这个联盟结构就是这个合作博弈的核。也就是说，在这种联盟结构中，所有的参与人都没有改变目前结构的动力。核不一定存在，如果核存在，则其一定是博弈的有效解。

8.1.2 夏普利值

合作博弈由一组博弈参与人和一个价值函数组成。价值函数是指在一项多人合作的项目中，每个可能的联盟(子集)所产生的价值。

在合作博弈中，一个参与人的"最后上车者价值"(Last-on-Bus-Value)是指当他最后一个加入组织所产生的价值。例如，如果一个桌子四个人才能搬动，搬动的价值是10，那么这四个人每个人的最后上车者价值就是10。如果三个人可以搬动，那个第四个人的最后上车者价值就是0。我们可以看出博弈的总价值不是所有参与人的最后上车者价值之和，如果当价值随着参与人增多而递减时，最后上车者价值的总和将小于博弈的总价值。

最后上车者价值并不能很好地刻画每个人的贡献度，夏普利值则可以。一个博弈参与人的夏普利值，等于他在所有可能加入的联盟的次序下对联盟边际贡献的平均值。夏普利值的计算公式如下：

$$\varphi_i(v) = \sum_{S \subseteq N \setminus \{i\}} \frac{|S|!(N-|S|-1)!}{N!}(v(S \cup \{i\}) - v(S))$$

8.2 从非合作博弈到合作博弈

在市场经济体制下，社会尊重经济个体自由竞争、独立决策的权力，并且各经济个体之间在利益方面存在相互依存关系。这些因素联合起来造成了非合作博弈关系普遍存在于经济活动中，非合作博弈关系正是以个体独立决策为主要特征。前面几章讨论的静态博弈、动态博弈、重复博弈均属于非合作博弈的范畴，非合作博弈理论为研究经济、社会、自然界的策略行为提供了强大的理论支持。

但基于经济、社会、自然界的复杂多样性，仅靠非合作博弈理论研究其行为策略是不够的，以网络购物问题为例，在处理问题的过程中若不对议价过程和议价双方行为增加设定，此类问题就难以完美地解决，即以双方独立决策为特征的非合作博弈理论难以解决此类问题。而类似问题在有交易和合作利益的地方十分常见，普遍存在于现实生活中。然而，尽管很多问题均可借助非合作博弈理论加以解决，但最终得出的方案未必是最优的，这主要归因于非合作博弈常常会陷入囚徒困境进而影响决策效率。为了避免低效率情况的发生，现实生活中人们往往会选择以签订合同、协议或依靠习俗惯例等形式约束活动中个体的行为，将个体竞争行为转化为集体合作行为，这种合作行为超越了非合作博弈理论，而研究合作行为的博弈理论就是合作博弈理论。

8.2.1 议价博弈理论

合作博弈意味着行为中的个体要做出立场让步，接受共同方案。而行为个体如何让其余个体妥协并接受共同方案，除技术问题外，还涉及复杂的认知、心理、性格等方面的问题。以一场普通的交易为例，当商家意愿的出售底价高于消费者意愿的购入底价时，这种情况下交易能否达成是难以预测的，因此研究的理论价值不大。当商家的意愿出售底价低于消费者的意愿购入底价时，假设商家的意愿出售底价为50元，消费者的意愿购入底价为70元，若交易双方均为经济学的理性人且知道对方意愿底价，此种情况下商家会希望接近消费者底价即70元成交，而消费者则希望接近商家底价即50元成交，在交易成交的过程中商家和消费者要经过反复谈判，最终结果不仅与讨价还价双方的谈判技巧有关，也与他们的性格、谈判时的心理状态、当地的商业模式等因素有关。因此，我们认为，合作博弈所依赖的逻辑和方法要比非合作博弈复杂得多。

理论上可以通过设定议价过程、引入议价时间或其他成本，把反映耐心的贴现因子引入效应函数等，构建结构化的非合作议价博弈模型，从而将上述议价问题转化为非合作博弈问题。但是，影响议价结果的因素繁多且复杂，难以通过判断、分类将其模型化，因此结构化的非合作议价博弈模型很难反映出一般议价规律，无法解决议价博弈的一般问题。而解决议价问题的更好方法就是超越非合作博弈，采用非结构化议价模型，即忽略议价过程，直接根据人类合作行为的基本原则确定最合理的交易方案，由此就引出了合作博弈理论中的第一个重要理论——议价博弈理论。

8.2.2 联盟博弈理论

纯粹的议价博弈理论一般普遍考虑两博弈方的议价问题，但现实生活中三方或三方以上博弈方的情况也普遍存在，多人议价过程中通常会出现几人结成利益联盟（Coalition）的情况，从而影响议价过程及结果。以拍卖为例，假设甲为卖家，乙、丙为买家，若甲与乙联合，要求乙与丙抬价，往往会抬高丙购买拍品的价格，甲从中抽成给乙，此时甲、乙均有获利。此种情况下，丙若是提前得知甲、乙合作的消息，承诺给乙更多的利益，瓦解甲、乙之间的联盟，联合向甲压价，或者丙并不知道此消息而一味地与乙竞争抬价。不同的联盟会给各博弈方的利益带来不同的影响。

联盟的出现使三人及以上合作博弈的核心问题从议价转变为结盟。在讨论分析多人议价问题的过程中，应当考虑各种联盟出现的可能及其对结果的影响，否则分析预测结果将是不可靠的。联盟问题并不仅局限于议价问题，政治选举、军事同盟、外交关系等方面均存在类似的结盟问题。对策略互动行为中联盟问题的研究，引出了联盟博弈理论。

议价博弈理论和联盟博弈理论共同构成了合作博弈理论。其中议价博弈理论主要讨论纯粹议价的两人议价博弈，联盟博弈理论则讨论多人议价问题或其他政治经济等博弈中的联盟问题。在讨论不涉及联盟的多人议价问题中，议价博弈的方法和结论也同样适用。

8.2.3 合作博弈与非合作博弈

合作博弈理论可以看作非合作博弈理论的自然延伸，用于解决非合作博弈问题中出现的多重纳什均衡、囚徒困境、低效率均衡等问题。需要注意的是，合作博弈中的"合作"并不是指研究合作问题或博弈结果需要合作达成，而是指在博弈过程中需要各博弈方之间相互合作才能完成博弈。非合作博弈中的"非合作"则是指博弈过程中各博弈方不需要合作，即各博弈方分散独立决策便可完成博弈。正是由于两种博弈的方式之间存在本质差异，导致合作博弈与非合作博弈在博弈过程及博弈方法的采用等方面存在较大差别。

合作博弈和非合作博弈之间存在两点根本差异：第一点是博弈方的选择内容。非合作博弈中的博弈方选择的是自身的策略。合作博弈中的议价博弈，博弈方的个人策略不能直接决定结果，故各博弈方的个人策略并不重要，重要的是最后的分配方案，分配方案同时包含了博弈双方的利益；而合作博弈中的联盟博弈，博弈方最关键的选择是与谁结盟、以怎样的条件结盟，联盟内部的利益分配方案则成为影响结盟条件的因素。第二点是是否需要有约束力的协议(Binding Agreement)。大多数的协议主要基于法律的保护，因此违反协议的博弈方将受到严重的处罚。非合作博弈的均衡往往是在分散决策的基础上达成的，各博弈方所做的决策本身就是最优选择的结果，不会因为其他博弈方的选择而发生改变，自然也就不需要协议加以约束；合作博弈的结果不是个体策略均衡，需要某个或某部分博弈方做出部分让步才能够达成，从分散决策的角度来看通常没有达到均衡，故合作博弈中若是没有外部约束力的保障往往是不稳定的，只有借助协议加以约束才能够保障执行。因此，合作博弈的根本特征就是"允许有约束力的协议"，这也是合作博弈定义中的重要内容。

8.3 两人讨价还价的议价博弈

议价博弈问题普遍存在于现实生活中，经济领域尤为突出，最主要的就是确定交易价格的谈判以及关于工资的劳资谈判，市场分割、关税减让、利润奖金分配、遗产分割、资产清算、股权分配、资源开发谈判等实质上都是议价博弈。接下来主要从议价博弈的模型和分析方法等方面展开探讨。

8.3.1 讨价还价的议价博弈及其数学表达

为避免多人议价而引发联盟问题，议价博弈一般以纯粹议价的两人博弈为对象，议价主体或博弈方可以是个体、社会组织甚至是国家，为了避免理论过于复杂，议价模型一般会忽略议价主体不同而产生的性质差异。议价博弈的议价内容多种多样，包括商品价格、股权分配、奖金分配等，但究其本质都是利益分配。

议价博弈的利益分配一般用 $S = (s_1, s_2)$ 表示，其中 s_1 和 s_2 分别为博弈双方的利益函数，假设议价博弈可分配的利益为 m（可以为现金，也可以为实物），分配必须满足 $s_1 + s_2 \leq m$ 且 $0 \leq s_i \leq m$，$(i = 1, 2)$，即两博弈方分配到的利益之和不超过可分配的利益，并且各博弈方都分配到的利益不得少于 0 且低于可分配的利益，否则就会产生博弈双方中的一方或双方不接受该分配，即分配不可行。满足上述要求的分配成为可行分配，$S = \{(s_1, s_2) \mid 0 \leq s_i \leq m, s_1 + s_2 \leq m\}$ 表示可行分配集，其中 $i = 1, 2$，可行分配和可行分配集在议价博弈分析中占据核心地位。

议价博弈受议价者主观态度影响颇深，态度强硬的议价者往往会比那些态度温和的议价者获得更好的结果。议价者的主观态度决定了议价者的议价能力，从而影响议价过程以及最终的议价结果，是议价博弈模型构建的重要因素之一。而影响议价者主观态度的因素有谈判破裂点、议价者对议价财物的价值判断以及议价者个人性格特征。

影响议价双方态度的因素之一是谈判破裂点。任何谈判都有破裂的可能，尽管谈判破裂，博弈双方也可能得到一定的利益并存在利益差异。例如甲、乙双方进行交易谈判，即使交易不成功甲也可以获利 D 元（$D>0$），而乙没有任何获利，则称该博弈有"谈判破裂点"为 $d = (d_1, d_2) = (D, 0)$，其中 $D>0$。谈判破裂点包含于可行分配集，也就是说谈判破裂也是一种可行的分配结果。

影响议价双方态度的第二个因素是议价者对议价财物的价值判断。基于复杂因素影响，如生长环境、年龄差异、工作特性、身份地位等，同样的财物在不同人眼中的价值可能并不相同。例如，课本在学生眼中和在收废品者的眼中价值显然不同；吉他在音乐人眼中和在不懂音乐的人眼中的价值也不相同。价值判断的差异可能会影响议价双方的议价态度，从而决定他们是否会容易在议价过程中让步，会对议价结果产生重要影响。

影响议价双方态度的另一因素是议价者个人性格特征。有的议价者斤斤计较，特别在乎个人得失；有的议价者性格则是大大咧咧，对利益得失并不看重。有的比较大胆，有的比较小心谨慎。这些议价者的性格差异也会影响议价者的态度和行为，从而影响议价结果。议价结果通常更有利于那些斤斤计较且胆大的议价者。

议价者的价值判断和风险态度可以通过诺伊曼-摩根斯坦期望效用函数（又称为 VNM 期望效用函数）来反映。诺伊曼-摩根斯坦期望效用函数 u_i 是可行分配集 S 到实数集的实值函数，表示为 $u_i: S \rightarrow R$。当议价者的价值判断统一且风险中性时，可以认为期望效用等于利益，即 $u_i = u_i(s) = u_i(s_i) = s_i$。这主要是因为议价者风险中性时，效用函数的二阶导数为 0，即期望效用是分配的线性函数；议价者风险偏好时，效用函数的二阶导数大于 0；议价者风险规避时，效用函数的二阶导数小于 0，即期望效用是分配的非线性函数。

因此，每种分配 $s = (s_1, s_2)$ 都有其对应的效用配置 $u = (u_1, u_2)$，其中 u_1 和 u_2 分别为博弈双方的效用函数，当某议价博弈中的期望效用等于利益时，可以认为其分配与效用配置也一致。所有可能的效用配置构成了效用配置集。效用函数表现了议价者的偏好结构及内在需求，从主观态度方面影响着博弈的过程和结果，故效用函数和效用配置在议价博弈中占据十分重要的地位，甚至超越了利益与利益分配。

因为效用函数 $u_i(s_i)$ 一般为增函数，故存在 $s_i > d_i$，则 $u_i(s_i) > u_i(d_i)$。由于谈判破裂点是最差的一种可行分配结果，一旦利益分配低于谈判破裂点，博弈方就不可能接受该结果。因此，有意义的议价博弈至少需要博弈双方的利益分配均大于谈判破裂点的分配，即 $u_i(s) > u_i(d)$ 对 $i = 1, 2$ 均成立。否则博弈双方总会存在一方不同意该分配，合作博弈就没有意义了。

综上所述，两人讨价还价的议价博弈问题具有以下特点：议价双方拥有相同的可行分配集；议价双方的议价结果与其价值判断和风险偏好有关；存在议价双方均可获益的结果。纯粹议价的两人博弈模型一般用 $B(S, d; u_1, u_2)$ 表示，其中，S 是可行分配集，d 是谈判破裂点，u_1 和 u_2 是博弈双方的效用函数。假设议价双方在立场地位、效用函数、破裂点等方面均无差异，则称该议价博弈是完全对称的，即若 $(u_1, u_2) \in U$，则 $(u_2, u_1) \in U$，这就是效用配置集的对称性。反之，议价博弈不对称则表明议价双方至少在上述某个方面存在差异。对称性在两人议价博弈的研究中往往会影响博弈双方的博弈态度和博弈结果，对议价博弈分析有重要意义。

8.3.2 基于公平和效率的平均主义解和平等主义解

通常解决一个问题首先应当分析相关的影响因素，但影响议价博弈结果的因素有很多，包括议价双方立场地位、知识储备等客观因素，议价者风险态度、性格特征等主观因素，经济环境、社会文化等环境因素都会影响议价博弈的结果。由于影响议价博弈结果的因素繁多且复杂，不存在一个合理的议价博弈模型可以将所有因素考虑在内完全还原现实情景。因此，为了找出一个适于分析议价博弈的一般方法，学者们换角度思考，根据大多数人普遍重视的因素找到了容易被大多议价者接受的议价原则作为议价博弈的分析依据，这些议价原则就是公平和效率。

第一个容易被普遍接受的议价原则是公平。公平是现代社会最基本的道德准则之一，在一场自愿的交易或合作活动中，公平的方案更易于被参与者接受。若人们认为某方案不公平，即使能够带来更大的利益，往往也会拒绝此方案。但不同的人对公平可能会有不同的理解，在分析过程中可能会存在一些问题。

第二个容易被普遍接受的议价原则是效率，提高资源利用效率，争取自身利益的同时兼顾他人利益，这些行为逻辑都可以归结为效率性。但效率又包括总体效率、帕累托效率等不同含义，这些不同含义也会给分析过程带来或多或少的问题。

事实上，博弈学者们提出的议价博弈的解法均是基于公平和效率两个基本原则提出的。其中平均主义解就是满足公平和效率两个原则的最简单的议价博弈模型的解法之一。

平均主义解的原理就是议价双方平分议价利益，即分配方案满足 $s_1 = s_2$，$s_1 + s_2 = m$。在议价双方地位对称且没有特殊关系的议价博弈中，平均主义解符合人人平等的公平原则。其中 $s_1 + s_2 = m$ 意味着平均主义的解将所有可能进行分配的利益全部进行了分配。又因为议价者的效用函数 $u_i(s_i)$ 一般为增函数，故分配可能性边界也对应效用可能性边界，也就是说平均主义解也满足效用配置的帕累托效率原则，即平均主义解满足了效用配置的帕累托最优。然而平均主义解也存在局限性：当议价双方对议价标的在主观效用上存在差异时，从效用配置角度看就达不到公平原则；而且议价双方的主观效用存在差异会导致双方的效用函数也存在差异，此时总效用无法达到效用可能性边界，议价博弈的效率原则也难以满足。在这种情况下就出现了平等主义解。

平等主义解就是使议价双方的效用配置相等，且效用配置处于可能性边界，即 $u_1(s_1) = u_2(s_2)$。运用平等主义解，只要知道双方的效用函数就可以推算出分配方案。平等主义解如图 8.1 所示。平等主义解是效用均等意义上的公平，其效用配置处于可能性边界，满足效用配置的帕累托效率原则。当议价双方效用函数相同时，平等主义解和平均主义解相同。平等主义解与平均主义解不同时，采用平等主义解对议价标的的主观效用评价较低的一方能分配到更多的利益。

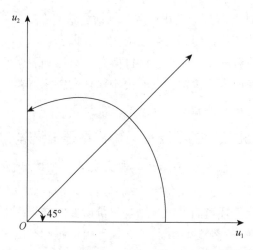

图 8.1 平等主义解

平均主义解和平等主义解均存在优缺点,若没有其他条件加以约束,很难判断选择哪种解法更优。此外,直接依据公平和效率原则分析议价博弈困难重重,首先就是人们对公平和效率均存在不同的理解;其次,在涉及自身利益时,公平和效率往往就不会是人们的首选了。再次,公平和效率两个原则无法反映议价者的风险偏好差异。故上述两种议价博弈解法并非解决议价问题的最优方法。

例如:假设有一家初创公司,投资人甲注资 200 万元,投资人乙以技术入股,价值 100 万元,其中甲的效用函数为 $u_甲(s_甲, s_乙) = 50s_甲 - 200$,乙的效用函数为 $u_乙(s_甲, s_乙) = 50s_乙 - 100$。该公司上一年的可分配利润为 50 万元,问甲和乙分得的利润分别是多少?

基于平均主义解,分配方案需满足 $s_甲 = s_乙$,$s_甲 + s_乙 = 50$,解得 $s_甲 = 25$ 万元,$s_乙 = 25$ 万元。

基于平等主义解,分配方案需满足议价双方效用配置相等,即 $u_甲(s_甲) = u_乙(s_乙)$,且 $s_甲 + s_乙 = 50$。已知甲、乙的效用函数分别为 $u_甲(s_甲, s_乙) = 50s_甲 - 200$,$u_乙(s_甲, s_乙) = 50s_乙 - 100$,解得 $s_甲 = 26$ 万元,$s_乙 = 24$ 万元。

8.3.3 讨价还价问题的纳什解法

议价博弈的纳什解法又称纳什议价解,基于公平和效率两大原则,以纳什积最大化为核心,反映了议价双方的风险偏好及其理性要求,其中纳什积为议价双方效用超过破裂点值的乘积。纳什议价解的公平和效率原则分别体现在对称性公理和帕累托效率公理两个公理中。

帕累托效率公理:如果 (s_1, s_2) 和 (s_1', s_2') 都是同一个议价问题的可行分配集中的点,并且存在 $u_1(s_1) > u_1(s_1')$ 且 $u_2(s_2) > u_2(s_2')$,那么 (s_1', s_2') 必然不是该议价博弈的结果。

帕累托效率公理如图 8.2 所示,效用配置集为图中的阴影部分,满足帕累托效率要求的效用配置为图中边界上的粗线条,也称"帕累托效率边界"。帕累托效率公理表明,尽管议价结果与双方的谈判技巧密切相关,但理性议价结果始终应落在该边界上,谈判的目的仅仅是考虑具体该落到哪一个点上。此外,虽然帕累托效率公理是基于效用提出的,但由于效用函数为利益的增函数,与利益分配大小一致,故该公理也可应用于利益分配,即当 $s_1 > s_1'$ 且 $s_2 > s_2'$ 时,(s_1', s_2') 肯定不是该议价博弈的结果。相较于总效用最大化,帕累托效率更容易满足,也更符合现实情况,纳什议价解适用范围也因此更广。

对称性公理:若 $B(S, d; u_1, u_2)$ 为一个对称的议价博弈,只有当 $(u_2, u_1) \in U$ 且 $d_1 = d_2$ 时,满足 $(u_1, u_2) \in U$,则该议价博弈的解 (u_1^*, u_2^*) 必须满足 $u_1^* = u_2^*$。

对称性公理反映了纳什议价解的公平原则。如图 8.3 所示,对称性公理的议价结果应当落在粗线表示的对称线上。对称性公理可以理解为基于议价双方地位相同而得到的公平议价结果,这是被普遍接受的公平;也可以理解为议价双方议价能力一致,即效用函数相同,可以得到相同的效用配置。然而对称性公理仅能保证地位对称的博弈方得到相同的效用,并没有要求地位不对等的议价双方得到相同的效用或利益分配,使公平性不再是一种僵化约束,便于议价博弈分析引入其他逻辑,适用范围更广。

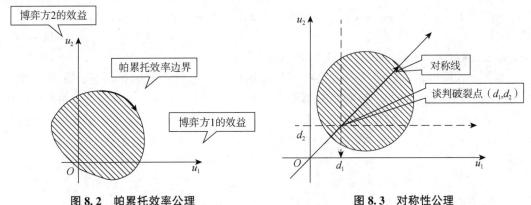

图 8.2 帕累托效率公理　　　图 8.3 对称性公理

事实上,只要议价双方的效用函数相同,所有两人对称议价博弈都可以用对称性公理和帕累托效率公理直接求解。但是议价博弈并不都是对称的,为解决非对称议价问题,纳什引入了线性变换不变性(Linear Invariance)公理和独立于无关选择公理。

线性变换不变性公理:若 (s_1^*, s_2^*) 为一个两人议价问题的解,那么当议价问题中的效用函数变换为 $u_i' = a_i + b_i u_i$ 时,(s_1^*, s_2^*) 仍是该议价博弈的解。

线性变换不变性公理中的"不变性"指的是实质性结果,即利益分配结果不改变,效用配置可以变化。其实,议价双方议价破裂点的差异就是导致议价不对称的原因之一,只要相对于破裂点增加净效用 $u_i(s) - u_i(d)$,就可以将非对称议价问题转化为对称议价问题,利益分配结果并不会发生改变,具体如图 8.4 所示。

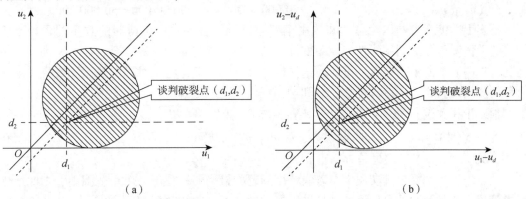

(a)　　　　　　　　(b)

图 8.4 谈判破裂点非对称解决

还有许多因素会造成议价双方效用配置不对称，如不同地区物价不同或特殊的利益分配机制等。这些影响都可以用效用函数的仿射变换 $u'_1 = a_1 + b_1 u_1$，$u'_2 = a_2 + b_2 u_2$ 表示，其中 b_1，$b_2 > 0$，由于这些导致不对称的影响因素与双方议价无关，故仿射变换不会影响偏好结构，也不会影响议价博弈的分配结果。

以李先生股票投资为例，假设李先生有 50 万元的投资资金，现有股票 1 和股票 2 两只股票可供选择，股票投资专家预测在未来一年内，每投资 1 万元股票 1 可获利 220 元，每投资 1 万元股票 2 可获利 200 元，已知李先生不会将鸡蛋放到同一个篮子内，所以，可以得到 $s_1 + s_2 \leq 500\,000$ 且 $0 \leq s_1 \leq 500\,000$，$0 \leq s_2 \leq 500\,000$，此时的效用配置集如图 8.5 所示。效用配置表达式为 $(u_1, u_2) = (220 s_1, 200 s_2)$，显然此时的议价博弈是不对称的。效用函数进行仿射变换后如图 8.6 所示，得到新的效用函数：$(u'_1, u'_2) = (u_1/220, u_2/200) = (s_1, s_2)$，即 $(u'_1, u'_2) = (s_1, s_2)$，其中 $s_1 + s_2 \leq 500\,000$ 且 $0 \leq s_1 \leq 500\,000$，$0 \leq s_2 \leq 500\,000$，此时，议价双方的效用配置对称了。

如图 8.6 所示，仿射变换后股票投资的效用配置集为三角形阴影部分，此部分关于 $y = x$ 对称，因此可以认为变换后的股票投资问题是一个对称的议价博弈问题，根据对称性公理可以判断：$u'_1 = u'_2$；根据帕累托效率公理，股票投资问题的议价解又需要落到三角形的边界 $(0, 500\,000)$ 和 $(500\,000, 0)$ 的连线，即 $y = -x + 500\,000$ 这条线上。

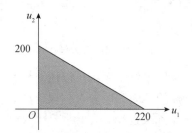

图 8.5　股票投资的效用配置集

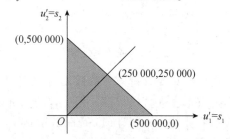

图 8.6　仿射变换后股票投资的效用配置集

从数学角度出发，需要联立 $y = x$ 和 $y = -x + 500\,000$ 两个公式求解，得到同时满足对称性公理和帕累托效率公理的分配为：$(u'_1, u'_2) = (250\,000, 250\,000)$。

最后考虑线性变换不变性公理，将变换后的分配带入原股票投资问题的效用函数中，得到的效用配置解为：

$$(u_1^*, u_2^*) = (250\,000 \times 220, 250\,000 \times 200) = (55\,000\,000, 50\,000\,000)$$

事实上，博弈方的风险态度和效用偏好差异可能会导致议价博弈的效用配置集不规则，此种情况就无法利用线性变换不变性公理将原问题转换为对称集合。为了解决不对称情况，如图 8.7 所示，引入不可能被选择的无关分配方案，将不对称的效用配置集扩展成对称的效用配置集，再用对称性公理和帕累托效率公理求解。

独立于无关选择公理：若 $B(S, d; u_1, u_2)$ 和 $B(S', d'; u_1, u_2)$ 是两个议价问题，满足 $S \supset S'$ 且 $d = d'$，那么如果 $B(S, d; u_1, u_2)$ 的解 (s_1^*, s_2^*)（对应 (u_1^*, u_2^*)）落在 S' 中，则 (s_1^*, s_2^*) 一定也是 $B(S', d'; u_1, u_2)$ 的解。

独立于无关选择公理实质上是若大范围问题的最优解存在于一个小范围中，则此最优解也是该小范围问题的最优解，即扩展问题的解在原问题的效用配置集中，是此公理解决非对称议价问题的关键。在对称问题解法的基础上，独立于无关选择公理要求原问题的效用配置集边界与扩展问题的效用配置集边界在该交点相切,当这一点无法满足时,就需要利用线性变换不变性公理进行处理,变换至符合要求后运用独立于无关选择公理处理并求解。

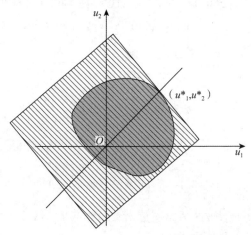

图 8.7 对称扩展问题和原问题的解

上述四种公理结合起来,就形成了纳什议价解。

纳什议价解:同时满足帕累托效率、对称性、线性变换不变性以及独立于无关选择 4 个公理的两人议价问题的唯一解,也是下列约束最优化问题的解:

$$\max_{s_1, s_2} [(u_1(s) - u_1(d))(u_2(s) - u_2(d))]$$
$$\text{s.t.} (s_1, s_2) \in S, (s_1, s_2) \geqslant (d_1, d_2)$$

纳什议价解是非线性优化问题的最优化点,该最优化问题的目标函数称为"纳什积"。纳什积不仅可以体现议价双方的利益诉求,还体现了集体理性的精神。纳什积将议价博弈解法转化为以纳什积为目标函数的数学优化问题,引入纳什积作为议价的联合效用函数是纳什议价解成功的关键。

由于纳什积一般为凹函数,效用配置集一般为凸紧集,故纳什积优化问题通常存在唯一解。

此处接着李先生股票投资问题进行分析,探究议价博弈的纳什解法。此时的具体假设如下。

(1) 股票 1 不稳定的风险为较高水平,股票 2 不稳定的风险为中等水平。

(2) 李先生风险偏好为风险厌恶型。

(3) 谈判破裂点为 $(0, 0)$。

根据上述分析,判断李先生会尽量规避选择股票 1,对股票 2 的选择持中立态度,因此设定李先生选择股票 1 和股票 2 的效用配置函数分别为 $u_1 = u_1(s_1) = s_1^a$ 和 $u_2 = u_2(s_2) = s_2$,其中 $a < 1$。

由于李先生用于购买股票的资金仅有 50 万元,因此 $s_1 + s_2 \leqslant 500\ 000$。

根据 $u_1 = u_1(s_1) = s_1^a$ 和 $u_2 = u_2(s_2) = s_2$ 可得: $s_1 = u_1^{1/a}, s_2 = u_2$,

所以有: $u_1^{1/a} + u_2 \leqslant 500\ 000$。

因为谈判破裂点为 $(0, 0)$,所以 $u_1(d) = u_2(d) = 0$。

将相关数据带入上述的纳什议价解公式可得:

$$\max_{s_1,s_2}[(u_1(s)-0)(u_2(s)-0)] = \max_{s_1,s_2}[u_1(s) \times u_2(s)] = \max_{u_1,u_2}[u_1 \times u_2]$$
$$s.t.\ u_1^{1/a} + u_2 = 500\ 000$$

根据约束条件得：$u_1 = (500\ 000 - u_2)^a$，代入纳什积转变为单变量问题后得：

$$\max_{u_2}(500\ 000 - u_2)^a u_2$$

求上述公式关于 u_2 的一阶导得：

$$(500\ 000 - u_2^*)^a + u_2^* a(500\ 000 - u_2^*)^{a-1}(-1) = 0$$

解得：$u_2^* = \dfrac{500\ 000}{1+a}$

综上所述，计算可得 $u_2^* = s_2^* = \dfrac{500\ 000}{1+a}$，$s_1^* = 500\ 000 - \dfrac{500\ 000}{1+a} = \dfrac{500\ 000a}{1+a}$，$u_1^* = (s_1^*)^a = \left(\dfrac{500\ 000a}{1+a}\right)^a$，此时 (u_1^*, u_2^*) 就是李先生购买股票的最优策略。

从结果可以看出，议价双方的风险态度对议价结果有明显影响，博弈方的风险态度系数 b 越小，所分配的效用和利益也越小。

纳什议价解既满足了对称性、效率性，涉及了对称性、帕累托效率、线性变换不变化、独立于无关选择4个公理，而且引入纳什积分析目标函数中的联合效用函数，对议价双方的利益都很重视，成为议价问题最重要的解法。此外，非合作博弈理论也可以支持纳什议价解的合理性。纳什议价解为议价博弈问题的解决提供了一种一般有效范式，为议价博弈理论的发展奠定了基础。

8.3.4　网络交换博弈的纳什议价解

在现实生活中，在任何一个议价博弈中，博弈各方之间的地位都不可能完全平等，他们的议价权极大程度上取决于他们在博弈网络中所处的位置，不同的议价权还会影响博弈方在博弈过程中获得的得益。网络交换博弈主要讨论了网络中两个节点之间的权力关系，两个节点之外的部分就被称为"外部选项"。一方面，外部选项是节点的议价底线，即博弈方不会同意未达到外部选项的议价结果；另一方面，外部选项也是节点权力的集中体现。

如图 8.8 所示，网络中的两个节点分别为 A 和 B，A 的外部选项量化为 x，B 的外部选项量化为 y，整体的利益量化为 1，两节点的利润和为 s，则存在约束条件：$0 \leqslant x < 1$，$0 \leqslant y < 1$，$x + y < 1$。

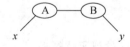

图 8.8　网络交换博弈

根据纳什议价解，A、B 双方均满意的结果为：$s = 1 - x - y$；

对于 A，需满足 $x + \dfrac{s}{2} = \dfrac{(1+x-y)}{2}$；

对于 B，需满足 $y + \dfrac{s}{2} = \dfrac{(1+y-x)}{2}$。

如图 8.9 为一个三节点网络交换博弈，a、b、c 分别为三节点的得益，网络中的节点

A 和节点 C 除了节点 B 外别无选择，中间节点 B 则拥有节点 A 和节点 C 两个选择，因此节点 B 具有绝对支配的权力。运用纳什议价解进行计算，计算过程如下。

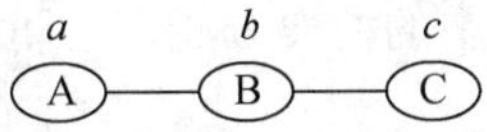

$$\underset{A}{\circ}\overset{a}{\rule{1cm}{0.4pt}}\underset{B}{\circ}\overset{b}{\rule{1cm}{0.4pt}}\underset{C}{\circ}\overset{c}{}$$

图 8.9 三节点网络交换博弈

对于 A：$a = 0 + \dfrac{(1-0-(1-c))}{2} = \dfrac{c}{2}$

对于 B：$b = 1 - c + \dfrac{(1-0-(1-c))}{2} = 1 - \dfrac{c}{2}$ 或 $b = 1 - a + \dfrac{(1-0-(1-a))}{2} = 1 - \dfrac{a}{2}$

对于 C：$c = 0 + \dfrac{(1-0-(1-a))}{2} = \dfrac{a}{2}$

考虑到节点 B 具有绝对的支配地位，在议价过程中会不断压缩节点 A 和节点 C 的份额，所以有 $a = c = 0$，$b = 1$。但此种情况过于极端，与现实并不符合，因此认为(0, 1, 0)的分配结果为理论上的极端结果。

8.4　多人参与的联盟博弈

联盟博弈理论是合作博弈理论的另一个重要组成部分，对更好地认识并解决经济、政治、军事等方面问题具有重要意义。

8.4.1　联盟博弈问题

理论上将纳什积扩展为多人联合效用函数就可以将纳什议价解应用于多人议价博弈中。但由于多人议价博弈中的联盟问题会破坏议价解的有效性，故最终结果未必真实可行。

以三个继承人分 6 000 单位遗产为例，用纳什议价解得到的结果显然是(2 000，2 000，2 000)，但如果继承人 A 比较贪婪，找到 B、C 中任意一人与其结盟(此处假设找的是 B)，依据少数服从多数的规则，强制性瓜分 C 的利益，导致最终分配结果为(3 000，3 000，0)。此时纳什议价解缺乏稳定性。但这一分配结果也未必稳定，因为 C 可以选择自己与 A 合作，或以更多的利益怂恿 B 不与 A 进行合作，以此来瓦解 A、B 的联盟。这种联盟形成和瓦解的过程理论上会不断持续下去，最终结果难以预测。此外，联盟博弈中各博弈方的地位和关系未必对称且很可能错综复杂。

因此，联盟是区分多人合作博弈和两人合作博弈的关键，是多人合作博弈的核心，也是多人合作博弈必须分析的问题。

8.4.2　联盟博弈的数学表达

联盟博弈中的关键联盟可以用博弈方的集合来表示，假设某联盟博弈中共有 n 个博弈方，其中 $n = 1, 2, \cdots, n$，构成集合 $N = \{1, 2, \cdots, n\}$。N 的子集 $S(S \subset N)$ 就是博弈中的联盟。N 的所有子集构成了所有可能的联盟的集合，记为 $P(N)$。包括 N 本身、单元素子集和空集在内，N 共有 2^n 个子集，考虑到联盟的含义，认为能构成有意义的联盟共有 $2^n - n - 1$ 个，由此可以看出，联盟中的博弈方越多，可能构成的联盟越多，联盟博弈问题也就更复杂。

类似于议价博弈，联盟博弈中的利益分配概念用向量 $(x_1, x_2, \cdots, x_n) \in R^n$ 来表示，其中 x_i 为博弈方 i 的期望得益。事实上，各博弈方的得益还应满足参加联盟获得的得益高于其单打独斗所获得得益，否则博弈方将不会选择参与联盟。满足这些要求的分配构成了可行分配集。分配在联盟博弈中也有核心作用。例如三个继承人分 6 000 单位遗产问题的可行分配集为：

$$\{(x_1, x_2, x_3) \mid 0 \leqslant x_i \leqslant 6\,000, x_1 + x_2 + x_3 \leqslant 6\,000\}$$

联盟博弈中另一个重要概念就是特征函数。

特征函数：对于 n 人联盟博弈中的联盟 $S \subset P(N)$，不管联盟外成员采取何种行为，联盟成员通过协调其行为可以保证实现最大的联盟总得益，即联盟的保证水平，记为 $v(S)$。一个联盟博弈中所有可能构成的联盟的保证水平构成了一个实值函数 $P(N) \rightarrow R$，称为该联盟博弈的特征函数。

根据特征函数的定义，一般联盟博弈特征函数值的计算方法为：

$$v(S) = \max_{x \in x_S} \min_{y \in x_{N \setminus S}} \sum_{i \in S} u_i(x, y)$$

上式中，x_S 表示 S 中成员全部联合混合策略的全体，$x_{N \setminus S}$ 表示 $N \setminus S$ 中成员全部联合混合策略的全体，$u_i(x, y)$ 表示博弈方 i 对应策略组合 (x, y) 的期望得益。

事实上，对博弈直接分析即可得到特征函数值。仍以三个继承人分 6 000 单位遗产为例：$v(\varphi) = 0$；$v(\{i\}) = 0$，$i = 1, 2, 3$；$v(\{i, j\}) = 6\,000$，$i, j = 1, 2, 3$ 且 $i \neq j$；$v(\{1, 2, 3\}) = 6\,000$。

特征函数建立在联盟基础上并反映了联盟的价值和形成联盟的基础，尤其是那些通过在联盟内部进行利益转移而调节联盟成员利益不平衡问题的可转移效用博弈，此外，特征函数对形成联盟的种类和博弈结果起着决定性作用。因此，联盟博弈也被称为"特征函数型博弈"，用 $B(N, v)$ 来表示，其中 v 就是特征函数。

特征函数还可以用于对联盟博弈进行分类。当 $v(N) > \sum_{i \in N} v(\{i\})$ 时，联盟博弈称为"本质博弈"，当 $v(N) = \sum_{i \in N} v(\{i\})$ 时，博弈称为"非本质博弈"。当联盟博弈的 $v(S) = 1$ 或 0，且单人联盟特征函数值为 0，人数最多联盟的特征函数值为 1 时，联盟博弈称为"简单博弈"；在简单博弈中，特征函数值为 1 的联盟称为"胜利联盟"，特征函数值为 0 的联盟称为"失败联盟"。

8.4.3 联盟博弈中的基本概念：优超、核与稳定集

1. 优超和核

在联盟博弈中，解决怎样结盟、与谁结盟等问题可以理解为博弈方要针对此问题进行策略选择，故非合作博弈中的占优分析引入联盟博弈中是有意义的。运用类似占优分析的方法需要了解以下联盟博弈中的基本概念：核、优超、稳定集。其中核是建立在优超概念基础上的，故将核和优超放在一起介绍。

简单来说，优超就是占优，也就是说无论对手怎样变换策略，乙方选择的策略始终是最优策略，下面主要介绍"x 关于 S 优超 y"和"x 优超 y"这两个概念。

x 关于 S 优超 y：对于联盟博弈 $B(N, v)$ 的分配 x、y，以及联盟 $S \subset N$，如果 $x_i > y_i$，$\forall i \in S$ 都成立，且 $\sum_{i \in S} x_i \leq v(S)$，则称"$x$ 关于 S 优超 y"，记为 $x \underset{S}{>} y$。

x 优超 y：对于联盟博弈 $B(N, v)$ 的分配 x、y，如果 $\exists S \subset N$，使得 $x \underset{S}{>} y$，则称"x 优超 y"，记为 $x > y$。

以三个继承人分 6 000 单位遗产为例介绍优超概念。当继承人均不结盟时，利益分配为(2 000, 2 000, 2 000)；继承人 A、B 结盟时，利益分配为(3 000, 3 000, 0)；继承人 C 以更多利益诱惑 B 与其结盟时，利益分配为(0, 3 500, 2 500)。由此可知分配(3 000, 3 000, 0)关于联盟{A, B}优超分配(2 000, 2 000, 2 000)，则分配(3 000, 3 000, 0)优超分配(2 000, 2 000, 2 000)；同理，分配(0, 3 500, 2 500)关于联盟{B, C}优超分配(3 000, 3 000, 0)，则分配(0, 3 500, 2 500)优超分配(3 000, 3 000, 0)。

核：对于 n 人联盟博弈 $B(N, v)$，分配集中不被任何分配优超的分配全体，称为该博弈的核，记为 $C(N, v)$。

联盟博弈的核也可以定义在"瓦解"的基础上。

瓦解：设 $x = (x_1, x_2, \cdots, x_n)$ 为联盟博弈 $B(N, v)$ 的一个可行分配集。若联盟 S 使得 $v(S) > \sum_{i \in S} x_i = x(S)$，也就是说联盟的特征函数值高于上述分配带给联盟成员得益的总和，就说"联盟 S 瓦解分配 x"。

核：设 $B(N, v)$ 是一个联盟博弈，在 $B(N, v)$ 的可行分配集中，所有不会被任何联盟瓦解的分配的集合，称为这个联盟博弈的核。

分析核的两种定义可以看出，在联盟博弈中某几个博弈方组成结盟后所获的利益分配最多，故此结盟的稳定性较强，其他单个博弈方或结盟很难瓦解该结盟，因此，将表示此结盟的集合称为核。

不管从哪个角度定义核，其本质内涵均是相通的。事实上，优超和瓦解之间就存在着对应关系。例如，三个继承人分 6 000 单位遗产问题中，分配(3 000, 3 000, 0)关于联盟{A, B}优超分配(2 000, 2 000, 2 000)，分配(0, 3 500, 2 500)关于联盟{B, C}优超分配(3 000, 3 000, 0)，联盟{A, B}和联盟{B, C}就分别瓦解了分配(2 000, 2 000, 2 000)和分配(3 000, 3 000, 0)。

理论上，核中的分配不会被任何联盟推翻，因此核在联盟博弈中具有稳定性，在联盟博弈中是一个合理的解概念。不仅如此，核还是合作博弈中出现最早的解概念，在博弈论中十分重要。然而，联盟博弈中的核往往是空集，非空时未必唯一存在，因为事实上所有的可行分配都可以被优超。

三人联盟博弈问题中，将规则改为最终分配需要所有人同意，此时会出现非空的核。因为在三人联盟博弈问题中，任何非三人的联盟都无法通过，故其特征函数值均为 0，无法瓦解任何 x。因此，此种情况下的三人联盟博弈存在核，即核为非空。

根据联盟博弈核的定义和有关博弈的性质可以得到以下结论。

结论 1：在多人联盟博弈中，所有可能的联盟组合，其联盟成员的得益和不少于该联盟的特征函数值。

结论2：在多人联盟博弈中，大联盟成员的得益和等于联盟的特征函数值，其中大联盟是指不会被博弈过程中的其他联盟或个人瓦解的联盟。

结论3：常和本质博弈的核是空集。

结论4：在简单博弈中，核为非空集合的充要条件为联盟博弈中存在有否决权的博弈方。

2. 稳定集

稳定集是基于占优分析解决联盟博弈的另一个概念，因为是由冯·诺伊曼和摩根斯坦首先提出的，故稳定集也被称为"VN-M 解"。

稳定集：对于 n 人联盟博弈 $B(N, v)$，若分配集 w 满足内部稳定性和外部稳定性，则分配集 w 称为这个联盟博弈的一个稳定集。其中，内部稳定性满足不存在 $x, y \in w$，使得 $x > y$；外部稳定性满足 $\forall x \notin w, \exists y \in w$，使得 $x > y$。

因此，联盟博弈的核一般位于稳定集内部，即若 w 是 $B(N, v)$ 的稳定集，$C(N, v)$ 是 $B(N, v)$ 的核，则 $C(N, v) \subset w$。稳定集也有与核一样问题，稳定集往往是空集，非空集时又常常不唯一。

8.4.4 联盟博弈中的效益分配——夏普利值

联盟博弈最终也要进行利益分配，故议价博弈中的纳什议价解的公理化方法引入联盟博弈也是有意义的。运用类似纳什议价解的公理化方法需要了解以下联盟博弈中的基本概念——夏普利值。

夏普利值是夏普利提出的，用于反映联盟博弈中博弈方参与联盟的期望贡献，衡量了各博弈方的价值。夏普利给出以下三个公理，以此作为夏普利值分析的基础。

公理1(对称性公理)：博弈的夏普利值(对应分配)与博弈方的排列次序无关。

公理2(有效性公理)：全部博弈方的夏普利值之和与分割完相应联盟的价值(即特征函数值)相对应。

公理3(可加性公理)：当两个独立的博弈合并时，合并后的博弈的夏普利值是两个独立博弈的夏普利值之和。

联盟博弈 $B(N, v)$ 的夏普利值由向量 $(\varphi_1, \varphi_2, \cdots, \varphi_n)$ 表示，φ_i 为博弈方 i 的夏普利值，

$$\varphi_i = \sum_{S \subset N} \frac{(n-k)!\,(k-1)!}{n!} [v(S) - v(S\backslash\{i\})]$$

其中，n 为联盟博弈中博弈方的数量；$k = |S|$ 为联盟 S 的规模，即联盟 S 中包含的博弈方数量；$v(S) - v(S\backslash\{i\})$ 则反映了联盟中博弈方 i 对联盟 S 的贡献，贡献主要体现在特征函数值上；$\frac{(n-k)!\,(k-1)!}{n!}$ 为博弈中博弈方 i 参与联盟 S 的概率。因此，博弈方的夏普利值就是不同的博弈方参与联盟博弈的期望贡献，衡量了博弈中各博弈方的价值。

事实上存在这样的博弈方 i，无论他是否加入某联盟 S，均不会影响该联盟的总体利益，即 $v(S) - v(S\backslash\{i\}) = 0$，这样的博弈方 i 被称为联盟 S 的"无为博弈方"。无为博弈方有助于简化夏普利值的计算。

在对称的联盟博弈中，各博弈方的夏普利值均相等，即 $\varphi_1 = \varphi_2 = \cdots = \varphi_n = \frac{m}{N}$，其中 m

为可分配利益。

在三个继承人分 6 000 单位遗产问题中,假设继承人 A、B 一母同胞且拥有相同的决定权,而继承人 C 为私生子没有决定权,那么该联盟博弈的特征函数值为 $v(\{A, B\}) = v(\{A, B, C\}) = 6 000$,根据夏普利值计算公式得 $\varphi_A = \varphi_B = 3 000$, $\varphi_C = 0$,故此联盟博弈的夏普利值为(3 000, 3 000, 0)。通过常理推断,三人联盟博弈中,若某博弈方没有决定权,则其参与联盟博弈的期望贡献为 0,即夏普利值为 0,而另外两个博弈方(假设为 A、B)地位对称,根据对称性公理得 $\varphi_A = \varphi_B$,根据有效性公理得 $\varphi_A + \varphi_B = 6 000$,故此三人联盟博弈的夏普利值为(3 000, 3 000, 0)。

与市场经济中按边际生产力分配的原则相同,夏普利值反映了博弈方的边际价值或贡献,联盟博弈问题以此来确定分配结果,这一解法较为公平且易于被人接受,因此,夏普利值就称为解决联盟博弈问题的有效方法。

8.4.5 运用夏普利值求解利益分配问题

假设现有甲、乙、丙三家公司合作完成一个项目,若甲、乙公司合作可以盈利 500 万元,若甲、丙公司合作可以盈利 700 万元,若乙、丙公司合作可以盈利 600 万元,若甲、乙、丙三家共同合作可以盈利 1 500 万元,甲、乙、丙公司单独完成可分别盈利 200 万元、300 万元和 100 万元。则三家公司合作时该如何进行利益分配?

对甲公司而言,甲所有可能的联盟有:只有甲参与{甲},甲和乙参与{甲,乙},甲和丙参与{甲,丙},甲、乙和丙均参与{甲,乙,丙},计算过程如下。

(1)计算联盟总得益 $v(S)$ 。

对于联盟{甲}:$v(\{甲\}) = 200$ 万元;

对于联盟{甲,乙}:$v(\{甲, 乙\}) = 500$ 万元;

对于联盟{甲,丙}:$v(\{甲, 丙\}) = 700$ 万元;

对于联盟{甲,乙,丙}:$v(\{甲, 乙, 丙\}) = 1 500$ 万元。

(2)计算剔除甲公司后的得益 $v(S\backslash i)$ 。

对于联盟{甲}:$v(\{甲\} \backslash 甲) = 0$;

对于联盟{甲,乙}:$v(\{甲, 乙\} \backslash 甲) = v(\{乙\}) = 300$ 万元;

对于联盟{甲,丙}:$v(\{甲, 丙\} \backslash 甲) = v(\{丙\}) = 100$ 万元;

对于联盟{甲,乙,丙}:$v(\{甲, 乙, 丙\} \backslash 甲) = v(\{乙, 丙\}) = 600$ 万元。

(3)甲公司的边际贡献=联盟的总得益-剔除甲公司后的得益,即 $v(S) - v(S\backslash i)$:

对于联盟{甲}:$v(\{甲\}) - v(\{甲\} \backslash 甲) = 200 - 0 = 200$(万元);

对于联盟{甲,乙}:$v(\{甲, 乙\}) - v(\{甲, 乙\} \backslash 甲) = 500 - 300 = 200$(万元);

对于联盟{甲,丙}:$v(\{甲, 丙\}) - v(\{甲, 丙\} \backslash 甲) = 700 - 100 = 600$(万元);

对于联盟{甲,乙,丙}:$v(\{甲, 乙, 丙\}) - v(\{甲, 乙, 丙\} \backslash 甲) = 1 500 - 600 = 900$(万元)。

(4)计算权重系数 $\omega(|S|) = \dfrac{(|S| - 1)! \ (n - |S|)!}{n!}$。

对于联盟 $\{甲\}$：$\omega(|\{甲\}|) = \dfrac{(1-1)!\,(3-1)!}{3!} = \dfrac{0!\,2!}{3!} = \dfrac{2}{6} = \dfrac{1}{3}$；

对于联盟 $\{甲,乙\}$：$\omega(|\{甲,乙\}|) = \dfrac{(2-1)!\,(3-2)!}{3!} = \dfrac{1!\,1!}{3!} = \dfrac{1}{6}$；

对于联盟 $\{甲,丙\}$：$\omega(|\{甲,丙\}|) = \dfrac{(2-1)!\,(3-2)!}{3!} = \dfrac{1!\,1!}{3!} = \dfrac{1}{6}$；

对于联盟 $\{甲,乙,丙\}$：$\omega(|\{甲,乙,丙\}|) = \dfrac{(3-1)!\,(3-3)!}{3!} = \dfrac{2!\,0!}{3!} = \dfrac{2}{6} = \dfrac{1}{3}$。

(5) 计算甲公司在每个联盟中的边际贡献 $\omega(|S|)[v(S) - v(S\setminus i)]$。

对于联盟 $\{甲\}$：$\omega(|\{甲\}|)[v(\{甲\}) - v(\{甲\}\setminus 甲)] = \dfrac{1}{3} \times 200 = 66.67(万元)$；

对于联盟 $\{甲,乙\}$：$\omega(|\{甲,乙\}|)[v(\{甲,乙\}) - v(\{甲,乙\}\setminus 甲)] = \dfrac{1}{6} \times 200 = 33.33(万元)$；

对于联盟 $\{甲,丙\}$：$\omega(|\{甲,丙\}|)[v(\{甲,丙\}) - v(\{甲,丙\}\setminus 甲)] = \dfrac{1}{6} \times 600 = 100(万元)$；

对于联盟 $\{甲,乙,丙\}$：

$\omega(|\{甲,乙,丙\}|)[v(\{甲,乙,丙\}) - v(\{甲,乙,丙\}\setminus 甲)] = \dfrac{1}{3} \times 900 = 300(万元)$。

(6) 甲公司的利益分配 $\varphi_甲 = 66.67 + 33.33 + 100 + 300 = 500(万元)$。

综上，甲公司的利益分配计算如表 8.1 所示。

表 8.1　甲公司的利益分配计算

甲参与的联盟	{甲}	{甲,乙}	{甲,丙}	{甲,乙,丙}
联盟总得益/万元	200	500	700	1500
剔除甲公司后的得益/万元	0	300	100	600
甲公司的边际贡献/万元	200	200	600	900
联盟成员个数	1	2	2	3
权重系数	1/3	1/6	1/6	1/3
甲公司在每个联盟中的边际贡献/万元	66.67	33.33	100	300
甲公司的利益分配/万元	500			

所以 $\varphi_甲 = 500$ 万元。同理分别计算乙公司和丙公司的利益分配。

对乙公司而言，乙所有可能的联盟有：只有乙参与 $\{乙\}$，甲和乙参与 $\{甲,乙\}$，乙和丙参与 $\{乙,丙\}$，甲、乙和丙均参与 $\{甲,乙,丙\}$，乙公司的利益分配计算如表

8.2 所示。

表 8.2 乙公司的利益分配计算

乙参与的联盟	{乙}	{甲,乙}	{乙,丙}	{甲,乙,丙}
联盟总得益/万元	300	500	600	1 500
剔除乙公司后的得益/万元	0	200	100	700
乙公司的边际贡献/万元	300	300	500	800
联盟成员个数	1	2	2	3
权重系数	1/3	1/6	1/6	1/3
乙公司在每个联盟中的边际贡献/万元	100	50	83.33	266.67
乙公司的利益分配/万元	500			

所以 $\varphi_乙 = 500$ 万元。

对丙公司而言，丙所有可能的联盟有：只有丙参与 {丙}，甲和丙参与 {甲,丙}，乙和丙参与 {乙,丙}，甲、乙和丙均参与 {甲,乙,丙}，丙公司的利益分配计算如表 8.3 所示。

表 8.3 丙公司的利益分配计算

丙参与的联盟	{丙}	{甲,丙}	{乙,丙}	{甲,乙,丙}
联盟总得益/万元	100	700	600	1 500
剔除丙公司后的得益/万元	0	200	300	500
丙公司的边际贡献/万元	100	500	300	1 000
联盟成员个数	1	2	2	3
权重系数	1/3	1/6	1/6	1/3
丙公司在每个联盟中的边际贡献/万元	33.33	83.33	50	333.33
丙公司的利益分配/万元	500			

所以 $\varphi_丙 = 500$ 万元。

综上所述，甲、乙、丙公司合作时，每个公司应分得的利润分别为：500 万元、500 万元、500 万元。

8.4.6 班扎夫权力指数

夏普利值作为一种分配原则，是联盟博弈重要的解概念之一，被广泛应用于资源管理、税负分担、公用事业定价及政治选举等方面。其中政治选举中的班扎夫权力指数(Banzaf Index of Voting Power)就是基于夏普利值思想衍生出来的。该指数认为，投票者的权力体现在其是否为联盟的关键加入者(Pivoting Player)，其中关键加入者就是指某个要失败的联盟因为该投票者的加入而转向胜利，或者某个要胜利的联盟因为该投票者的退出而转向失败。在这种思想的基础上，班扎夫将每个投票者都看作关键加入者，将获胜联盟的个数作为衡量投票者权力的指标，即"权力指数"。事实上，在选举博弈中，班扎夫权力指数就是夏普利值。

思考题

1. 基本概念：议价博弈、联盟博弈、平等主义解、平均主义解、优超、瓦解、核。
2. 简述合作博弈理论、议价博弈理论和联盟博弈理论之间的关系。
3. 简述合作博弈与非合作博弈之间的区别。
4. 甲、乙两人关于一个合作项目进行谈判，已知项目预期利润为 10 000 元，甲单独有 2 000 元的其他获利机会，则甲、乙双方的效用函数为什么？甲、乙双方利润该如何分配？

参考答案

1. 答：(1)议价博弈：议价博弈一般以纯粹议价的两人博弈为对象，议价主体或博弈方可以是个体、社会组织甚至是国家，为了避免理论过于复杂，议价模型一般会忽略议价主体不同而产生的性质差异。

(2)联盟博弈：联盟博弈可以看作多人议价博弈的联盟问题，联盟博弈中联盟的形成和瓦解的过程可以不断持续下去，且博弈方的地位和关系不一定是对称的。

(3)平等主义解：平等主义解强调博弈双方效用配置相同而非分配相同，平等主义解使效用配置处于可能性边界，满足了效用配置的帕累托效率原则。

(4)平均主义解：平均主义解满足了公平和效率两个原则，其原理是议价双方平分议价利益，是最简单的议价博弈模型的解法之一。

(5)优超：对于联盟博弈 $B(N, v)$ 的分配 x、y，如果 $\exists S \subset N$，使得 $x \underset{S}{>} y$，则称"x 优超 y"，记为 $x > y$。

(6)瓦解：设 $x = (x_1, x_2, \cdots, x_n)$ 为联盟博弈 $B(N, v)$ 的一个可行分配集。若联盟 S 使得 $v(S) > \sum_{i \in S} x_i = x(S)$，也就是说联盟的特征函数值高于上述分配带给联盟成员得益的总和，就说"联盟 S 瓦解分配 x"。

(7)核：对于 n 人联盟博弈 $B(N, v)$，分配集中不被任何分配优超的分配全体，称为该博弈的核，记为 $C(N, v)$。（或：设 $B(N, v)$ 是一个联盟博弈，在 $B(N, v)$ 的可行分配集中，所有不会被任何联盟瓦解的分配的集合，称为这个联盟博弈的核。）

2. 答：合作博弈理论包含议价博弈理论和联盟博弈理论，是博弈理论的重要组成部分。议价博弈的博弈方有两人，而联盟博弈理论可以从多方博弈的议价问题引出，可以将其看作议价博弈理论的自然延伸。

3. 答：合作博弈和非合作博弈之间存在两点根本差异：第一点是博弈方的选择内容。非合作博弈中的博弈方选择的是自身的策略。合作博弈中的议价博弈，博弈方的个人策略不能直接决定结果，故各博弈方的个人策略并不重要，重要的是最后的分配方案，分配方案同时包含了博弈双方的利益；而合作博弈中的联盟博弈，博弈方最关键的选择是与谁结盟、以怎样的条件结盟，联盟内部的利益分配方案则成为影响结盟条件的因素。第二点是是否需要有约束力的协议。非合作博弈的均衡往往是在分散决策的基础上达成的，各博弈方所做的决策本身就是最优选择的结果，不会因为其他博弈方的选择而发生改变，自然也就不需要协议加以约束；合作博弈的结果不是个体策略均衡，需要某个或某部分博弈方做出部分让步才能够达成，从分散决策的角度来看通常没有达到均衡，故合作博弈中若是没有外部约束力的保障往往是不稳定的，只有借助协议加以约束才能够保障执行。因此，合作博弈的根本特征就是"允许有约束力的协议"，这也是合作博弈定义中的重要内容。

4. 解：设甲的效用为 u_1，分到的份额为 s_1；乙的效用为 u_2，分到的份额为 s_2。

该博弈双方的效用函数为 $(u_1, u_2) = (s_1 + 2\,000, s_2)$。

同时需要满足 $0 \leqslant s_1 \leqslant 10\,000$，$0 \leqslant s_2 \leqslant 10\,000$，$s_1 + s_2 \leqslant 10\,000$。

考虑净效用增加 $(u_1 - u_{1d}, u_2 - u_{2d}) = (s_1, s_2)$。

根据对称性公理和效率公理可得 $(s_1^*, s_2^*) = (5\,000, 5\,000)$。

因此，甲、乙双方的效用配置为 $(u_1^*, u_2^*) = (7\,000, 5\,000)$。

第九章　信息经济学与博弈论

博弈论和经济学的研究模式是一样的，二者都强调经济人理性，也就是研究如何在给定的约束条件下去追求最大化的效用。在这一点上，博弈论和经济学是完全一致的。

严格来讲，博弈论是一种方法，它的应用范围不仅包括经济学，还包括政治学、军事、外交、公共关系等，但是，由于博弈论在经济学中的应用最为广泛、最为成功，博弈论的许多研究成果也是借助于经济学的案例来发展的，经济学家对博弈论的贡献也最大，尤其是在动态分析与不完全信息领域方面。随着经济学越来越重视对于信息的研究，特别是信息不对称性对个人选择及制度安排的影响。博弈论已经成为主流经济学的一部分。从本质上来讲，信息经济学是博弈论应用的一部分，或者说，信息经济学其实就是非对称信息博弈论在经济学上的应用。

信息的不对称性常常是影响决策与结果的关键因素。博弈论和信息经济学都关注信息不对称性对于经济决策与市场结果的影响。如果说信息经济学与博弈论有什么不同的话，这种不同可以理解为博弈论是方法论导向，信息经济学是问题导向。博弈论研究的是给定信息结构下会出现的可能的均衡结果，信息经济学研究的问题是给定信息结构下会出现的最优契约安排。虽然在现在看来，信息经济学只是博弈论的一个应用分支，它在研究经济决策和市场结果时，强调了信息对策略选择和市场行为的重要影响。但是，信息经济学的许多理论是从研究具体的制度安排中独立发展起来的。这也是为什么我们要在博弈论之后，单独讨论信息经济学的重要原因。

本书的前八章详细介绍了博弈论的基础知识，主要集中在战略互动和均衡概念方面。本章所介绍的信息经济学为博弈论提供了一个重要的应用扩展，读者可以通过对信息角色的解读和把握来了解博弈论在现实生活中的应用，从而深度了解博弈论的实用性和广泛性。

9.1　信息经济学引论

9.1.1　信息经济学

经济学有两条研究主线。

第一条主线是由弗里兹·马克卢普、马克·尤里·波拉特等人创立的宏观信息经济学。它主要是把信息作为一种特殊的商品,对其生产、流通、利用、经济效益等方面展开研究,这门学科是随着信息技术的发展而建立衍生出来的。

第二条主线是斯蒂格勒和阿罗等人提出的微观经济学。这门学科着重研究利用信息改善市场经济的效率的各种机制。

信息经济学被认为是交叉于微观、宏观经济学和信息科学的衍生性学科。

(1)信息经济学是在经济问题上运用信息不对称博弈的一门学科。

信息不对称又被称作信息不完备,是指在一个交易过程中,买卖双方都掌握着另一方所不知道的有关交易的秘密信息。在信息不对称博弈中,存在着两个乃至多个主体之间的信息不对称。一方面,这意味着在交易中,其中一方掌握关于商品或服务的独有信息,而另一方却不知道这些信息的存在,另一方面,这也意味着在交易中,某一方拥有更多的信息,而另一方则缺乏这些信息,从而形成了明显的信息差异。

最好的例子是"囚徒困境"。本例描写了两个同谋犯入狱,如果任何一方都不愿意主动坦白自己的罪行,他们就会因为证据不够充分被判一年监禁。假如一人揭发,另外一人保持缄默,检举人就会由于立功而被释放,而不肯配合的人将被判十年监禁。如果两人互相告发,那么由于证据确实,两人都要被判八年徒刑。可是,两人互相猜疑,宁可互相揭发,也不肯守口如瓶。这表明,即便是在互惠互利的情况下,要维持合作也很难。"囚徒困境"是一种非零和对策,说明个人的最佳决策未必就是集体的最佳决策。

这一实例表明,在互动情境中,最佳的战略选择是由另一方采取的战略决定的,尤其是该战略能给双方留下多大的合作空间,这意味着每个主体都有可能根据自己的利益来选择行动。

信息不对称博弈在经济领域中研究的是两个或多个不同的主体之间在决策过程中如何利用彼此信息进行博弈,并从中获得利益最大化的问题。例如,在市场交易中,逆向选择会导致市场失效,而道德风险则会导致市场无效。因此,信息不对称博弈可以用来解释市场失效和市场无效的原因。此外,在金融学中,信息不对称博弈也可以用来解释金融市场上的风险。

(2)信息经济学是一门研究信息如何在经济中流动的学科,它关注给定信息结构背景下的最佳策略组合,即如何利用信息来提高资源的效率。

信息经济学研究信息的收集、处理、分析和利用,以及如何利用信息来提高企业经济效率。信息经济学还可以帮助政府更好地制定政策,以改善社会福利。

在经济关系中,常见两类主体:委托人、代理人。

在信息不对称情境下,委托人一般为没有掌握或掌握的信息不足的一方,因此往往会面临经济风险。由于委托人掌握信息不充分,所以对未来的不确定性和风险就难以做出准确预测,也就无法做出准确决策。因为信息不对称,委托人可能会被假象蒙蔽,导致上当受骗。因此,委托人应该尽可能地充分了解经济信息,以确保自己的利益不受损害。

在信息不对称情境下,代理人一般是拥有充足信息的一方。

代理人既要了解委托人的意图和要求,又要在适当情况下帮委托人做出正确的决策,以确保委托人利益最大化。

9.1.2 信息经济学的研究对象与研究内容

对于信息经济学所要研究的对象,不同的学者因其所涉及的领域不同而有不同的理解。

从经济的视角而言，信息经济学是研究信息的经济活动的一门学科，即从经济学的视角研究信息资源、信息技术和经济发展的关系。

从信息科学的视角而言，信息经济学是研究信息活动中的经济现象的学科。

本书认为，信息经济学是一种以信息活动和经济活动为核心的经济理论体系。

总之，信息经济学是研究经济活动中信息现象的规律的一门学科，其研究的重点是市场信息对人们的特定经济行为及其后果的影响。

具体而言，信息经济学研究以下主要内容。

(1) 信息的经济作用：研究社会生产领域中情报的经济属性及其对国民经济发展的影响，即通过深入探讨信息在经济领域中的重要作用，分析其对国民经济的贡献和影响；探究信息应用技术的快速发展对社会经济的积极作用，分析其对提升生产力、改善社会福利等方面的影响，分析其对社会生产的规模、结构形式以及组织管理等方面的影响。

(2) 信息的成本和价值：进行信息价值的定性和定量描述，如信息价值的概念、内涵与外延等；研究信息的价值和成本的关系，如信息的价值量与成本量的关系，信息量与利润、费用关系等；研究信息价值的表现形式，如信息的产品形式、服务形式、商品形式、权利形式等；研究信息价值的计量标准和计算方法。

(3) 信息的经济效果：研究在社会生产过程中，会计信息的利用价值量及其占社会生产总量的比重，对会计信息经济效益测算与评价的方法；研究信息技术工作在经济社会生产中的最优化投入配置与投资效益最佳选择；探讨具体运用中影响信息技术效益的自然要素与社会因子；研究信息技术效益最大化的路径与技术。

(4) 信息产业结构：研究社会生产领域中信息使用价值量与劳动消耗量的比例，即通过探讨信息在生产过程中的价值贡献，分析其对劳动消耗的影响，探求信息利用的最佳比例；研究生产过程中信息经济效益计算和考核的具体方法。深入探讨信息的经济效益计算和考核方法，以期为实现信息经济效益的最大化提供有力的理论基础；研究信息工作在社会生产中的最佳投资组合和投资效果最优化配置，分析其对提高生产效率、降低成本等方面的贡献

(5) 信息系统：研究如何构建和优化完善可行的信息系统；研究信息系统的聚集性与分散性对信息系统价值的多方影响。

(6) 信息技术：分析信息经济时代下信息技术的定位与功能；探讨企业信息化与企业竞争能力的关系；掌握信息科技发展特征与规律等。

(7) 信息经济理论：涉及信息经济的对象、内容、性质、方法、功能、历史等问题。

9.2 信息经济学模型的基本分类

在信息不对称市场，信息的不对称性可以被视为一种衡量标准，它可以用来判断信息差异以及这些差异在实践中可能产生的影响。

信息不对称可以从两个角度划分：第一是不对称发生的时间，第二是不对称的内容。从不对称发生的时间来看，可能发生在签约之前，也可能发生在签约后，分别称为事前不对称与事后不对称。研究事前信息不对称博弈的模型称为逆向选择模型，研究事后信息不

对称博弈的模型称为道德风险模型。从不对称的内容来看，不对称的可能是参与人的行动，也可能是参与人的知识。研究不可观测行动的博弈模型称为隐藏行动模型，研究不可观测知识的博弈模型称为隐藏知识模型或隐藏信息模型。信息经济学模型的类别如表9.1所示。

表9.1 信息经济学模型的类别

	隐藏行动	隐藏信息
事前		逆向选择模型 （信号传递模型、信息甄别模型）
事后	隐藏行动的道德风险模型	隐藏信息的道德风险模型

9.2.1 逆向选择模型

逆向选择是指当信息不对称时，市场经济行为中发生的对经济增长不利的行为。通常情况下，这种情况发生在买方和卖方之间，其中一方（即代理人）拥有更多的信息，而另一方（即委托人）则缺乏相同的信息。此时，若代理人通过信息优势获利，而委托人则会因此而受损。

"逆向选择"一词是由保险市场衍生出来的。因为保险公司无法预先得知顾客的风险等级，就需要顾客按平均数缴纳保费。对低风险人群而言，其参加保险后所获得的得益比未参加保险时要小，因而存在着退出的可能。只有高风险的顾客愿意接受更高的保费。在面临高风险的情况下，保险公司为避免损失，只能不断地增加保费，使得一大批风险较小的投保人选择了放弃。所以，当信息不对称时，保险水平就不能达到最优，因为高风险的顾客会把低风险的顾客排挤出去。

逆向选择还常发生在旧车市场，卖主比买主更熟悉自己的车，而买主则只能从看车、试车等方面来了解车子的情况。因为买主不能准确地把握汽车的品质，买主所有的信息来源于卖主以及自身对汽车外观的观察和试驾汽车后的感受。因为买主在信息获取上处于被动，所以卖主处于信息高地，可以把品质较差的汽车以较高的价格卖给买主。这就会导致一种被称为"逆向选择"的现象，即由于无法准确评估汽车的真实价值，买主常常不愿购买。

逆向选择模型是信息经济学中一种重要的模型，它可以帮助我们理解市场行为下不同利益相关者在信息不对称情境下的决策行为，从而可以更好地指导政策制定，提高政策的有效性和可持续性。逆向选择的常见情境如表9.2所示。

表9.2 逆向选择模型

模型	委托人	代理人	行动、类型或信号
逆向选择	保险公司	投保人	健康状况
	雇主	雇员	工作技能
	买者	卖者	产品质量
	债权人	债务人	项目风险

9.2.1.1 信号传递模型

信号传递模型认为，在市场中，一个参与人（代理人）具有私有信息，而另一个参与人

(委托人)不具有私有信息。那么掌握私有信息的一方将通过一定的行为(例如发出信号)将自己的真实信息呈现给不掌握私有信息的一方。

在信息经济中,信号传播模式的典型实例有以下几类。

(1)隐性品质:在市场中存在一些无法通过外观或直接观察得知品质差异的产品。卖方通常比买方更了解产品的质量,而买方需要通过某种信号来获取这些信息。例如,二手车市场中,卖方可能知道车辆的实际状况,而买方则根据卖方提供的信号(如车况报告、保养记录等)来评估车辆的质量。

(2)教育和认证:教育是一种信号传递的机制。一个人如果获得了教育或学位,他就能够给未来的老板传递他的才能。学历或学位本身可能并不能全面反映一个人的能力,但它们作为一种信号,帮助雇主筛选和评估求职者。

(3)保险市场:保险公司在向顾客提供保单时,必须对顾客的风险程度进行评估。由于客户对自身风险有更多的信息,保险公司通常无法准确评估每个客户的个体风险。因此,客户可能会通过购买额外的附加保险或接受定期体检等方式来向保险公司传递更多关于自身风险的信号。

(4)招聘市场:招聘过程中,雇主需要根据求职者的简历、面试表现等信息来评估求职者的能力和适应度。然而,简历和面试可能无法完全准确地反映一个人的实际能力。因此,求职者可能会通过提供推荐人的联系方式、工作样本或参与技能测试等方式来向雇主传递更准确的信息。

在信息不对称的情境下,信号传递有助于解决信息不对称问题,使市场更加有效运转。信号传递模型在解释市场行为、激励机制和合同设计等方面具有重要的应用价值。

9.2.1.2 信息甄别模型

信息甄别模型是指未获得私人信息的主体(委托方),利用各种契约对拥有私人信息的主体(代理人)进行甄别。例如,在保险市场上,顾客可以分为两种类型,一种是高风险,一种是低风险。为防止投保人在投保时由于投保时出现"逆向选择",造成损失,保险人往往会向投保人提供多种保险契约以供投保人选择,针对高风险和低风险客户,可采取差异化策略。高风险的顾客,可以优先考虑高保险费率的保险公司;而风险较小的顾客,可以选择只有一小笔保费的保险公司。在劳务市场上,除了用人单位对求职者的能力进行筛选之外,求职者对用人单位的忠诚也是必不可少的。在某种程度上,雇主可以通过协议工资随工作时间的增长或者"违约押金制度"来排除"跳槽"的员工,从而确保企业员工的稳定。

信号传递模型与信息甄别模型的联系与区别:

信息甄别与信号传递是逆向选择的具体表现形式。这两种方法是从不同角度来解决同一问题的。两者的不同之处在于,前者是信息弱势一方采取了主动行为,后者是信息强势一方采取了主动行动,如图9.1所示。

例如,在信号传递模型中,具有信息优势的应征者将首先采取行动,并以其受教育程度为信号。在信息甄别模型中,处于信息弱势的用人单位首先采取行动,按照自己的需求,为求职者提供契约组合和选择准则,然后由求职者在契约组合中"自我选择"。

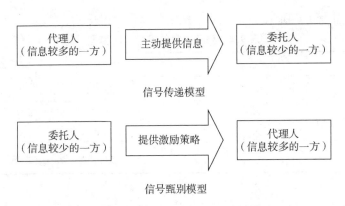

图 9.1　信号传递模型与信息甄别模型

9.2.2 道德风险模型

9.2.2.1 隐藏行动的道德风险模型

按照信息不对称的本质，可以把不对称内容划分为参与人的行为和参与人的知识和信息。在对无法观察行为进行研究时，我们将其称为隐藏行动模型。

也就是说，在进行交易或者签署合同的时候，双方具有完全对称的信息，而在进行交易或者签署合同以后，信息优势者将会依据自身的有利条件采取行动或者不采取行动，这就决定了可以观察到的结果。隐藏行动的道德风险模型常见情境如表 9.3 所示。

例如：在雇佣情形下，雇主想要让雇员采取能使他们的联合剩余最大化的行动（在雇主提供合同的条件下，他想要尽可能地占有剩余）。雇主往往无法判断雇员工作是否努力，如果想要掌握雇员的行动，需要付出较高的工资成本。而雇员会因为其行动不能被观察到倾向于偷懒，选择一个损人（雇主）利己的行动。雇主只能通过最后的工作成果和与同行业状况这一"自然状态"结合起来判断雇员是否努力，这时雇主就倾向于设计激励契约使雇员的工作成果与其工作报酬挂钩，从而减少雇员的偷懒行为，进而达成对雇主最有利的结果。

表 9.3　隐藏行动的道德风险模型

模型	委托人	代理人	行动、类型或信号
隐藏行动道德风险模型	保险公司	投保人	防盗措施
	地主	佃农	耕作努力
	股东	经理	工作努力
	经理	员工	工作努力

9.2.2.2 隐藏信息的道德风险模型

在这种情况下，处于弱势的一方，可以观察到对方的行为。举例来说，企业的销售经理与销售人员以及客户之间存在信息不对称情况。销售人员可以获取关于自己客户的一部分信息，而相较于销售人员，经理对客户的信息知之甚少。经理仅能观测到销售人员在客户身上采取的行动。在这种情况下，经理倾向于设计激励合同，以此激励销售人员根据不同的客户情况（即"自然状态"），结合所获知的客户信息，最终选择不同的销售策略。该模型的常见情境如表 9.4 所示。

表 9.4　隐藏信息的道德风险模型

模型	委托人	代理人	行动、类型或信号
隐藏信息道德风险模型	股东	经理	市场需求
	债权人	债务人	项目风险
	企业经理	销售人员	市场需求
	雇主	雇员	任务难易

思考题

1. 试用"道德风险"分析火灾保险。

2. 若你正在考虑收购一家公司的 1 万股股票，卖方的开价是 2 元/股。根据经营情况的好坏，该公司股票的价值对于你来说有 1 元/股和 5 元/股两种可能，但只有卖方知道经营的真实情况，你所知的只是两种情况各占 50% 的可能性。如果在公司经营情况不好时，卖方做到使你无法识别真实情况的"包装"费用是 5 万元，问你是否会接受卖方的价格买下这家公司的 1 万股股票？如果上述"包装"费用只有 5 000 元，你会怎样选择？

参考答案

1. 答：作为代理人的投保人比作为委托人的保险公司对于是否发生火灾有更全面的判断。于是，代理人在这种信息优势诱使下有可能出现道德风险。假设存在 A、B、C 三种火灾状态：A 代表无论投保人如何努力都将发生火灾；B 代表如果投保人粗心大意将发生火灾；C 代表无论如何都不可能发生火灾。很明显，如果保险公司能够判断 A、B、C 三种状态，保险公司就能够相应提供保险。投保人在风险厌恶原则下会为 A 购买火灾保险。对于 B，投保人就要在保险成本与防火成本孰大孰小之间进行抉择。因此保险市场出现有效配置。然而，问题是保险公司并不能确定投保人究竟属于哪一类风险。于是，火灾保险反而可能降低投保人防火积极性，甚至刺激投保人纵火。

2. 答：如果该公司把经营情况不好伪装成经营情况好的"包装"费用，也就是成本是 5 万元，我肯定会买下这些股票。因为这时候经营不好的公司的伪装成本高于卖出股票的得益 2 万元，经营不好的公司不可能先把公司伪装再出售，公司的表面情况与实际情况肯定是一致的。

如果"包装"费用只有 5 000 元，我仍然会选择购买。虽然伪装成本低于出售公司的得益，经营情况不好的公司也有伪装成经营良好后出售的动机，但由于其占好坏推测各一半，购买公司的期望得益 $0.5 \times 1 + 0.5 \times 5 - 2 = 1$ 万元，比不购买的利益要大，因此我仍然会选择购买(我的风险偏好是中性的)。

参 考 文 献

[1] KREPS D M. Game Theory and Economic Modelling[M]. New York：Oxford University Press，1990.

[2] FUDENBERG D，TIROLE J. Game Theory[M]. Cambridge：The MIT Press，1991.

[3] GIBBONS R. A Primer in Game Theory[M]. New York：Pearson Academic，1992.

[4] WEIBULL J W. Evolutionary Game Theory[M]. Cambridge：The MIT Press，1995.

[5] HAROLD W K. Classics in Game Theory[M]. Princeton：Princeton University Press，1997.

[6] GARDNER R. Games for Business and Economics[M]. New York：John Wiley & Sons Inc，2003.

[7] JAMES N W. Game Theory：Decisions, Interaction and Evolution[M]. Berlin：Springer，2006.

[8] HARRINGTON J E. Games, Strategies and Decision Making[M]. New York：Worth Publishers，2008.

[9] 谢识予. 纳什均衡论[M]. 上海：上海财经大学出版社，1999.

[10] 马丁 J 奥斯本，鲁宾斯坦. 博弈论教程[M]. 北京：中国社会科学出版社，2000.

[11] 艾里克·拉斯缪森. 博弈与信息[M]. 北京：北京大学出版社，2003.

[12] 张维迎. 博弈论与信息经济学[M]. 上海：上海人民出版社，2004.

[13] 弗登伯格，莱文. 博弈学习理论[M]. 北京：中国人民大学出版社，2004.

[14] 肯·宾默尔. 博弈论教程[M]. 上海：格致出版社，2010.

[15] 乔尔·沃森. 策略：博弈论导论[M]. 上海：格致出版社，2010.

[16] 汤姆·齐格弗里德. 纳什均衡与博弈论：纳什博弈论及对自然法则的研究[M]. 北京：化学工业出版社，2011.

[17] 谢识予. 经济博弈论[M]. 4版. 上海：复旦大学出版社，2017.

[18] 冯·诺伊曼，摩根斯坦. 博弈论与经济行为[M]. 北京：北京大学出版社，2018.